NÚMERO SAGRADO
AS QUALIDADES SECRETAS DAS QUANTIDADES

escrito e ilustrado por
Miranda Lundy
com ilustrações adicionais de Adam Tetlow e Richard Henry

Tradução: Jussara Trindade de Almeida

É Realizações
Editora

Copyright © Wooden Books Limited 2005
Published by arrangement with Alexian Limited
Copyright desta edição © 2018 É Realizações
Título original: *Sacred Number – The Secret Qualities of Quantities*

Editor | Edson Manoel de Oliveira Filho

Produção editorial | É Realizações Editora

Preparação de texto | Carlos Nougué

Projeto gráfico e capa | Nine Design Gráfico / Mauricio Nisi Gonçalves

Reservados todos os direitos desta obra. Proibida toda e qualquer reprodução desta edição por qualquer meio ou forma, seja ela eletrônica ou mecânica, fotocópia, gravação ou qualquer outro meio de reprodução, sem permissão expressa do editor.

Cip-Brasil. Catalogação na Fonte
Sindicato Nacional dos Editores de Livros, RJ

L983n

Lundy, Miranda
 Número sagrado : as qualidades secretas das quantidades / Miranda Lundy ; tradução Jussara Trindade de Almeida. - 1. ed. - São Paulo : É Realizações, 2018.
 : il. ; 15 cm.

 Tradução de: Sacred number – the secret qualities of quantities
 ISBN 978-85-8033-316-9

 1. Matemática. 2. Aritmética. I. Almeida, Jussara Trindade de. II. Título.

18-47920	CDD: 510
	CDU: 51

Leandra Felix da Cruz - Bibliotecária - CRB-7/6135
22/02/2018 22/02/2018

É Realizações Editora, Livraria e Distribuidora Ltda.
Rua França Pinto, 498 · São Paulo SP · 04016-002
Caixa Postal: 45321 · 04010-970 · Telefax: (5511) 5572 5363
atendimento@erealizacoes.com.br · www.erealizacoes.com.br

Este livro foi impresso pela Paym Gráfica e Editora em março de 2018. Os tipos são da família Weiss BT, Trajan Pro, Fairfield LH e Brioso Pro. O papel do miolo é o Pólen Bold 90 g, e o da capa cartão Ningbo C2 250 g.

Sumário

Introdução	5
A Mônada	6
Dualidade	8
Três	10
Quaternidade	12
Cinco	14
Todas as coisas em seis	16
Septeto	18
Oito	20
A enéade	22
Dez	24
"Onzes"	26
O doze	28
Convenções e contagens	30
O Quadrivium	32
Gnômons	34
Tempo e espaço	36
Babilônia, Suméria e Egito	38
Ásia antiga	40
Gematria	42
Quadrados mágicos	44
Mito, jogo e rima	46
Números modernos	48
Zero	50
Os primeiros sistemas numéricos	51
Sistema numérico de notação posicional	52
Números pitagóricos	53
Exemplos de gematria	54
Mais quadrados mágicos	55
Alguns números das coisas	57
Glossário especial de números	59
Outros números	62
Notas da tradutora	63

Gravura do século XVI, de Gregor Reisch, que mostra Pitágoras usando uma prancha de contagem medieval para formar os números 1.241 e 82 (direita), enquanto Boécio faz cálculos usando os numerais indianos com que estamos familiarizados hoje em dia (esquerda). No centro está Aritmética, com as duas progressões geométricas 1-2-4-8 e 1-3-9-27 aparecendo em seu vestido.

Introdução

Que é número? Como distinguimos um de muitos ou, por exemplo, o número dois do três? Um corvo ameaçado por quatro homens que se escondem debaixo de sua árvore voará para longe e cuidadosamente os contará a distância, antes de retornar a salvo para seu ninho, enquanto os homens retornam para casa, um por um, cansados e famintos. Mas e se houvesse cinco homens? Os corvos perdem a conta no número cinco.

Todos sabemos certas coisas sobre determinados números: que seis círculos cabem em torno de um; que há sete notas em uma escala musical; que contamos em dezenas; que três pernas fazem um banquinho; que cinco pétalas formam uma flor. Algumas dessas descobertas elementares são realmente as primeiras verdades universais com que deparamos, tão simples que nos esquecemos delas. Crianças em planetas distantes provavelmente estão tendo as mesmas experiências com essas quantidades elementares.

O estudo do número é ciência das mais antigas da Terra, com sua origem perdida nas brumas do tempo. Culturas primitivas inscreviam números em cerâmica, em tecidos, em ossos entalhados, em nós e em monumentos de pedra e associavam números a seus deuses. Sistemas posteriores integraram os mistérios sob o mágico Quadrivium medieval da aritmética, da geometria, da música e da astronomia – as quatro artes liberais necessárias para uma verdadeira compreensão das qualidades do número.

Toda ciência tem sua origem na magia,[1] e nas escolas antigas não havia mago que não tivesse conhecimento do poder dos números. Nos dias atuais, a ciência do número sagrado foi usurpada por uma maré de números quantitativos, não previstos nestas páginas. Este livro é um guia para iniciantes sobre a aritmologia[2] mística, uma pequena tentativa de desvendar alguns dos muitos segredos e qualidades essenciais do número contido na Unidade.

A Mônada
Uma unidade

Unidade. O uno. Deus. O grande espírito. Espelho de maravilhas. A eternidade imóvel. Permanência. Há incontáveis nomes para descrevê-lo.

De acordo com certa perspectiva, não se pode realmente falar do Uno, porque falar dele é torná-lo um objeto, o que implica estar separado dele, deturpando assim a essência da unidade desde o princípio – que é um enigma misterioso.

O Uno é o limite de todas as coisas: o primeiro antes do princípio e o último depois do fim; *alfa* e *ômega*; o molde que dá forma a todas as coisas e a única coisa formada por todos os moldes; a origem a partir da qual o universo emerge; é o próprio universo e o centro para o qual este retorna. É ponto, semente e destino.

O Uno ecoa em todas as coisas e trata a todos da mesma forma. Sua estabilidade entre os números é sem igual, permanecendo ele mesmo quando multiplicado ou dividido por si mesmo; e a unidade de qualquer coisa é unicamente aquela coisa. O Uno é, por si só, um todo e não pode existir nada que o descreva.

Todas as coisas estão imersas no oceano sem fim da Unidade. A qualidade da unidade tudo permeia, e, enquanto não há nada sem ela, também não há nada dentro dela – como ocorre até com uma comunicação ou uma ideia que necessita de partes que se relacionem entre si. Como a luz do Sol ou a chuva suave, o Uno é incondicional em seu amor, mas sua majestade e mistério permanecem velados e fora do alcance da compreensão, pois somente o Uno pode compreender a si mesmo. O Uno é, por si só, um todo, e não pode existir nada que o descreva.

O Uno é simultaneamente círculo, centro e o mais puro som.

DUALIDADE
Opostos

Há dois lados para cada moeda, e o outro lado é onde a díade vive. Dois é a sombra transcendental, oposta, polarizada e objetificada. Está lá, é o outro, aquilo e não isto, e é essencial como base de comparação; é o método pelo qual nossa mente conhece as coisas. Há inúmeros nomes para o par divino.

Para os pitagóricos, o dois era o primeiro número sexuado, par e feminino. Para desenvolver a sua apreciação pela dualidade, eles contemplavam pares de opostos puros, como limitado e ilimitado, ímpar e par, um e muitos, direita e esquerda, masculino e feminino, repouso e movimento, reto e curvo. Podemos também pensar nas cargas positiva e negativa em eletromagnetismo, e no inspirar e expirar de nossa respiração.

A díade aparece em música como a relação 2:1, quando experimentamos uma nota similar, uma oitava acima ou abaixo, com o dobro ou metade da altura do som. Em geometria, aparece como uma linha, dois pontos ou dois círculos.

Linguisticamente, quando falamos de ambas as partes de alguma coisa que funcionam como uma unidade, usamos o prefixo *bi-*, como em bicicleta ou binário, mas quando a qualidade de divisão do número dois é invocada, as palavras começam com o prefixo *di-*, como em discórdia ou diversão. A distinção entre "eu" e "não eu" é uma das primeiras e a última que geralmente fazemos.

Se os filósofos modernos pararem para pensar na dualidade, podem chegar um pouco mais longe que os filósofos da Antiguidade. Todos experimentam uma esquerda e uma direita, frente e verso, para cima e para baixo através de dois olhos e de dois ouvidos. Tanto os homens como as mulheres vivem sob o Sol e a Lua, algumas vezes lembrando quão milagrosamente equilibrados eles parecem, a aparentar o mesmo tamanho no céu, um brilhando de dia e o outro à noite.

Três
É uma multidão

Masculino em algumas culturas, feminino em outras, o três constrói, como uma árvore, uma ponte entre o céu e a terra. A tríade liga dois opostos como seu composto, sua solução ou seu mediador. É a síntese ou o retorno à unidade após a divisão em dois, e tradicionalmente é o primeiro número ímpar.

A terceira perna de um banco dá a ele equilíbrio. Sem um terceiro cordão ou fita não se pode amarrar uma trança (os nós só podem ser amarrados em um espaço tridimensional). Histórias, contos de fadas e tradições espirituais são ricos em simbolismo ao redor do prodigioso três, fazendo malabarismos entre passado, presente e futuro e entre conhecedor, conhecimento e conhecido. Assim como em nascimento, vida e morte, a tríade aparece por toda a parte na natureza, em princípio e forma. O triângulo, o dispositivo mais simples e estrutural da trindade, é o primeiro polígono estável e define nossa primeira superfície.

Em música, as relações 3:2 e 3:1 definem os intervalos da quinta[3] e suas oitavas, as mais belas harmonias que podem ser produzidas, além da oitava propriamente dita, e a chave para as afinações na Antiguidade. Três é o primeiro número triangular.

A *vesica piscis*,[4] formada por dois círculos sobrepostos (*canto superior esquerdo, página ao lado*), imediatamente invoca triângulos. Um triângulo equilátero dentro de um círculo define a oitava, de forma que a área desse círculo ou anel (*abaixo, à esquerda*) é o triplo da área do círculo menor. Abaixo, na figura central, vemos a descoberta favorita de Arquimedes (287–212 a.C.): os volumes do cone, da esfera e do tambor (cilindro) estão na proporção de 1:2:3.

 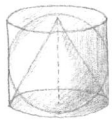 

Quaternidade
Dois pares

Para além do três, entramos no reino da manifestação. O quatro é a primeira coisa a nascer, o primeiro produto da procriação, dois pares. A tétrade é, portanto, o primeiro número quadrado depois do número um, e um símbolo da Terra e do mundo natural.

O quatro é a base do espaço tridimensional. O sólido simples conhecido como tetraedro, ou "quatro faces", é formado por quatro triângulos, ou quatro pontos ou esferas, e é um elemento fundamental para a estrutura do espaço tridimensional, assim como o triângulo o é para o plano.

O quatro é geralmente associado com os modos materiais de manifestação – fogo, ar, terra e água. Um quadrado ao redor de um círculo define um anel celestial cuja área é igual à do círculo incluso (*canto superior direito da imagem ao lado*). Os solstícios e equinócios dividem o ano em quatro partes ou trimestres, os cavalos andam sobre quatro patas, e outras manifestações terrenas do número quatro são abundantes.

Como um quadrado estático, o quatro é repetido pela cruz dinâmica. A interação entre a cruz e o quadrado está codificada no tradicional rito de orientação para a construção de um novo prédio, onde as sombras de um pilar central, provocadas pelo nascer e pelo pôr do sol, indicam o eixo simbólico leste–oeste. O princípio da quadratura é universal, e aparece em textos chineses antigos e nos escritos de Vitrúvio.[5] Sobrevive até os dias de hoje no termo *quarteirão* (ou *quadra*), que se refere à divisão urbana em que conjuntos de moradias são cercados por quatro ruas.[6]

Toda a matéria é apropriadamente composta de apenas quatro partículas: prótons, nêutrons, elétrons e neutrinos. Em música, o quatro aparece como o terceiro sobretom, na relação 4:1, que se forma por duas oitavas, e também na relação 4:3, conhecida como *quarta*,[7] que é o complemento da quinta dentro de uma oitava.

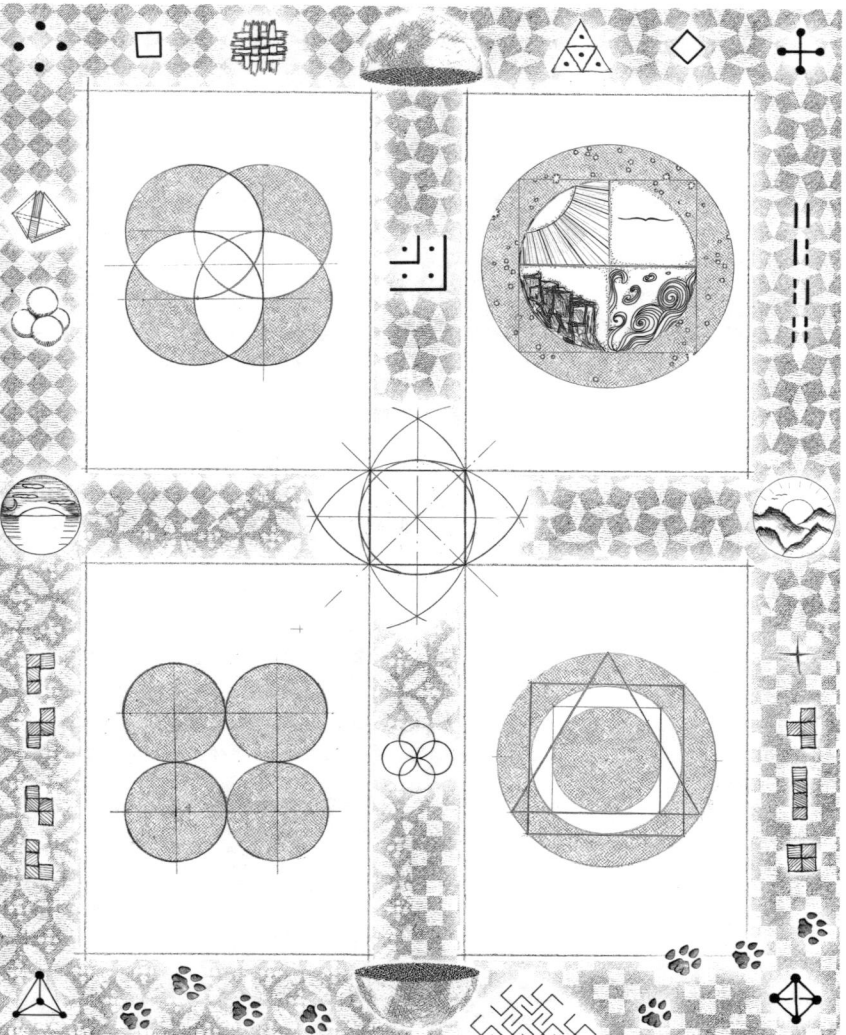

Cinco
A própria vida

A qualidade do cinco é mágica. As crianças costumam desenhar estrelas de cinco pontas instintivamente, e todos nós pressentimos sua característica energética e expressiva.

O cinco casa homens e mulheres – como os números dois e três, em algumas culturas, ou três e dois em outras – e, assim, é o número universal da reprodução e da vida biológica. Também é o número da água, com cada uma de suas moléculas sendo o canto de um pentágono. A própria água é uma incrível estrutura de cristal líquido de icosaedro flexível; este é um dos cinco sólidos platônicos (*abaixo, quarto da esquerda para a direita*), com cinco triângulos encontrando-se em cada vértice. Como tal, a água mostra sua qualidade de fluidez, dinamismo e vida. As coisas secas estão mortas ou estão à espera de água.

O cinco é encontrado em maçãs, flores, mãos e pés. Vênus, o planeta mais próximo da Terra e que recebeu o nome da deusa romana do amor e da beleza, desenha um lindo padrão quíntuplo ao girar em torno do Sol (*canto superior esquerdo, página ao lado*).

A escala musical mais universal, a pentatônica, é formada por cinco notas (as teclas escuras de um piano), agrupadas em dois e três. Na Renascença, a procura de intervalos musicais que envolvessem o número cinco – como a terceira clave maior, que usa a relação 5:4 – produziu a escala musical moderna.

O cinco também é a diagonal de um retângulo de três por quatro. Todavia, ao contrário dos números três e quatro, o cinco despreza o plano, aguardando que a terceira dimensão se encaixe para produzir o quinto elemento.

TODAS AS COISAS EM SEIS
O feitiço

Assim como seu gracioso arauto, o floco de neve, o seis ou sexteto carrega em si a perfeição, a estrutura e a ordem. É o casamento, por multiplicação, do dois com o três, do par e do ímpar, e também é o número da criação – pelo tema comum nas Escrituras bíblicas, segundo o qual o cosmo foi criado em seis dias.[8]

Os números inteiros que dividem outros números são conhecidos como os seus divisores. A maioria dos números possui um conjunto de divisores próprios cuja soma resulta em um número menor que eles, e são, por isso, conhecidos como números deficientes.[9] O número seis é, de maneira harmoniosa, a soma e o produto dos três primeiros números, e seus divisores também são um, dois e três, que, somados, resultam no próprio número seis, fazendo dele o primeiro número perfeito.

O raio de um círculo pode girar por sua circunferência exatamente em seis arcos idênticos para inscrever um hexágono regular; e seis círculos idênticos encaixam-se perfeitamente ao redor de um círculo central (*canto superior direito, página ao lado*). Além do triângulo e do quadrado, o hexágono é o último polígono regular que pode ser perfeitamente colocado lado a lado, com cópias idênticas de si mesmo, para preencher o plano.

As três dimensões contribuem para as seis direções – para a frente, para trás, para a esquerda, para a direita, para cima e para baixo –, e estas estão incorporadas nas seis faces do cubo, nos seis cantos de um octaedro e nas seis arestas de um tetraedro (*canto inferior direito, imagem ao lado*). O seis aparece amplamente em estruturas cristalinas, como os flocos de neve, o quartzo e a grafita, e os hexágonos dos átomos de carbono formam a base da química orgânica. Basta adicionar água.

O conhecido triângulo de Pitágoras,[10] com lados 3, 4 e 5, tem uma área[11] e um semiperímetro[12] que equivalem a seis. Em música, o seis também é a oitava pentatônica.

Os insetos movimentam-se ou rastejam em seis pernas, e as abelhas organizam instintivamente sua seca secreção de cera em um favo de mel hexagonal.

SEPTETO
As sete irmãs

O sete é a Virgem: permanece de pé por si só e tem pouco que ver com qualquer dos outros números simples. Em música, uma escala de sete tons surge tão naturalmente quanto sua irmã, a escala de cinco tons. São as teclas brancas do piano, que produzem os sete modos da Antiguidade, um padrão universal. Como todos os demais números, o sete incorpora o número que o antecede. Em relação ao espaço, funciona como o centro espiritual do número seis, da mesma forma que seis direções emanam de um ponto no espaço e seis círculos circundam um sétimo que repousa em um plano.

As fases da Lua são amplamente contadas em quatro grupos de sete, com uma misteriosa noite sem lua, ou duas noites, para completar seu verdadeiro ciclo.

Nossos olhos podem perceber três cores primárias de luz – vermelho, verde e azul – que se combinam para produzir mais quatro cores – amarelo, ciano, magenta e branco. De acordo com os antigos hindus, um arco-íris vertical de sete centros de energia sutil, ou "chacras", sobe por nosso corpo. Hoje em dia entendemos esses centros como as sete glândulas endócrinas.[13]

Os sete planetas da Antiguidade, organizados segundo a ordem de sua velocidade aparente (*centro superior, página ao lado*), fazem surpreendentes conexões com os metais (*canto superior esquerdo, imagem ao lado*) e com os dias da semana (*canto superior direito, imagem ao lado*): Lua – ☽ – prata – segunda-feira, Mercúrio – ☿ – mercúrio – quarta-feira, Vênus – ♀ – cobre – sexta-feira, Sol – ☉ – ouro – domingo, Marte – ♂ – ferro – terça-feira, Júpiter – ♃ – estanho – quinta-feira, Saturno – ♄ – chumbo – sábado.

Há sete tipos de simetria de friso,[14] sete grupos de estruturas de cristal e sete serpentinas, ou espirais, no labirinto tradicional (*todos na imagem ao lado*).

Oito
Um par de quadrados

O oito equivale a dois vezes dois vezes dois e, como tal, é o primeiro número cúbico depois do um. Como o número de vértices do cubo ou faces do octaedro, o oito é completo. No plano molecular, isso é demonstrado pelos átomos, que anseiam por ter um conjunto completo de oito elétrons (oitava) em sua camada mais externa. Um átomo de enxofre tem seis elétrons em sua camada mais externa, de modo que oito átomos desse elemento se juntam para compartilhar elétrons, formando um anel de enxofre octogonal.

Em arquitetura, o octógono geralmente significa a transição entre o céu e a terra, como uma ponte entre o círculo e o quadrado. Uma cúpula esférica frequentemente coroa uma estrutura cúbica por meio de uma bela abóbada octogonal.

O oito é particularmente reverenciado na religião e na mitologia do Oriente. O oráculo chinês antigo conhecido por *I Ching* está baseado em combinações de oito trigramas, e cada um deles é o resultado de uma escolha dupla entre uma linha quebrada ou uma não quebrada, reproduzida três vezes. No centro da imagem ao lado encontra-se a "Sequência do Céu Anterior", que representa o padrão ideal de transformações no cosmo.[15] Note-se que cada trigrama é o complemento de seu oposto.

No simbolismo religioso, o oitavo passo é frequentemente associado à evolução espiritual ou à salvação. Isso pode resultar do fato de que, em uma escala musical de sete notas, o oitavo tom, que é a oitava, tem o dobro da altura do som da primeira nota, sinalizando o movimento para um novo nível.

No mundo moderno, os computadores "pensam" em encantadoras unidades chamadas *bytes*, cada uma delas formada por oito *bits* binários (0 ou 1).

As aranhas têm oito pernas, e os polvos oito tentáculos.

A ENÉADE
Três números três

O nove é a tríade das tríades, o primeiro número quadrado ímpar, e, com ele, algo extraordinário acontece: pela primeira vez, nove números podem ser organizados em um quadrado mágico em que a soma dos três números de cada linha, em qualquer direção, resulta no mesmo total (*no centro, imagem ao lado*). Esse antigo padrão numérico foi detectado pela primeira vez há quatro milênios, sobre o casco de uma tartaruga divina que emergia do Rio Lo, na China.

Três vezes três é mais que dois vezes dois vezes dois, e a relação entre nove e oito define o fundamental tom inteiro em música, a semente 9:8 a partir da qual a escala emerge, assim como a diferença entre as duas harmonias mais simples na oitava: a quinta 3:2 e a quarta 4:3.

Existem nove formas tridimensionais regulares: os cinco sólidos platônicos e os quatro poliedros estelares de Kepler-Poinsot.

O nove aparece em nosso corpo como a seção transversal dos cílios tentaculares que movem as coisas ao redor de nossas superfícies, e os feixes de microtubos nos centríolos que são essenciais para a divisão celular (*figura abaixo*).

O nove é o número celestial da ordem, e muitas tradições antigas falam de nove mundos, esferas ou níveis de realidade. Os gatos sabem bem disso, pois têm nove vidas, são cheios de nove-horas, e nove entre dez deles parecem passar a maior parte do tempo nas nuvens, seja lá onde isso for.[16]

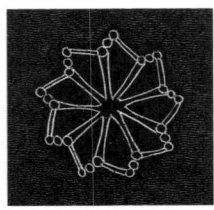

Dez
Dedos e polegares

O fato de os humanos terem oito dedos mais dois polegares deve ter operado em favor do dez, pois uma variedade de culturas – como a dos incas, a dos indianos, a dos berberes, a dos hititas e a dos minoicos – adotou esse número como a base de seus sistemas de contagem. Hoje em dia, todos nós usamos a base decimal. O dez é filho do cinco e do dois, e previsivelmente a palavra *dez* deriva do indo-europeu *dekm*, que significa "duas mãos".

O número dez é particularmente formado pela soma dos quatro primeiros números – assim $1+2+3+4 = 10$ –, fato de profundo significado para os pitagóricos, que o imortalizaram na figura do tetraktys (*pontos pretos na figura central da imagem ao lado*) e o chamaram Universo, Céu e Eternidade. Além de ser o quarto número triangular, o dez também é o terceiro número tetraédrico (*canto inferior direito da imagem*), fato que lhe dá grande importância como um número que simultaneamente constrói formas triangulares bidimensionais e tridimensionais.

O dez é formado por dois pentágonos, e dez pentágonos assentam perfeitamente em torno de um decágono (*centro da imagem*). O DNA, apropriadamente a chave para a reprodução da vida, tem cada uma das voltas de sua dupla hélice composta de dez passos, e por isso aparece, numa seção transversal, como uma roseta com dez pétalas (*canto superior esquerdo da imagem*).

Na Árvore da Vida da cabala judaica há dez *sefirot*[17] (*canto inferior esquerdo da imagem*), e a simetria décupla era frequentemente usada na arquitetura gótica (*canto superior direito da imagem*).

Platão acreditava que a década ou dezena contivesse todos os números, e, para a maioria de nós hoje em dia, realmente contém, já que podemos expressar praticamente qualquer número que pensarmos em termos de apenas dez símbolos simples.

"Onzes"
A medida e a Lua

O onze é um número misterioso do submundo – em alemão atende pelo nome apropriado de *Elf*. Um número importante, por ser o primeiro que nos permite começar a compreender a medida de um círculo. Isto porque, por razões práticas, um círculo que meça *sete* de diâmetro terá o onze como metade da medida de sua circunferência (*canto superior esquerdo da imagem ao lado*).

Esse relacionamento entre o onze e o sete foi considerado tão profundo pelos antigos egípcios, que eles o utilizaram como base para o projeto da Grande Pirâmide. Um círculo traçado ao redor da elevação da Grande Pirâmide tem o mesmo perímetro de sua base quadrada. A conversão planejada de sete por onze vezes entre quadrado e curva é demonstrada por inúmeros estudos.

Os antigos eram obcecados por medidas, e o número onze é central em seu sistema metrológico. A imagem ao lado mostra o fato extraordinário de que o tamanho da Lua está relacionado ao tamanho da Terra, assim como o três está relacionado ao onze. Isso significa que, se atrairmos a Lua até que toque a superfície da Terra, como visto na imagem, então um círculo celestial que passe através da Lua terá uma circunferência com medida igual ao perímetro do quadrado em torno da Terra. Isso é chamado "quadratura do círculo". Jamais saberemos exatamente como os velhos druidas descobriram isso, mas eles obviamente o conseguiram, pois a Lua e a Terra são mais bem medidas em milhas, como mostrado na imagem. De forma mágica, um arco-íris duplo também faz a quadratura do círculo.

Onze, sete e três são todos números da sequência Lucas,[18] irmãos dos números da sequência Fibonacci, na qual novos números são sempre formados pela soma dos dois números anteriores. A sequência Fibonacci começa com 1, 1, 2, 5 e 8, enquanto a sequência Lucas começa com 2, 1, 3, 4, 7 e 11.

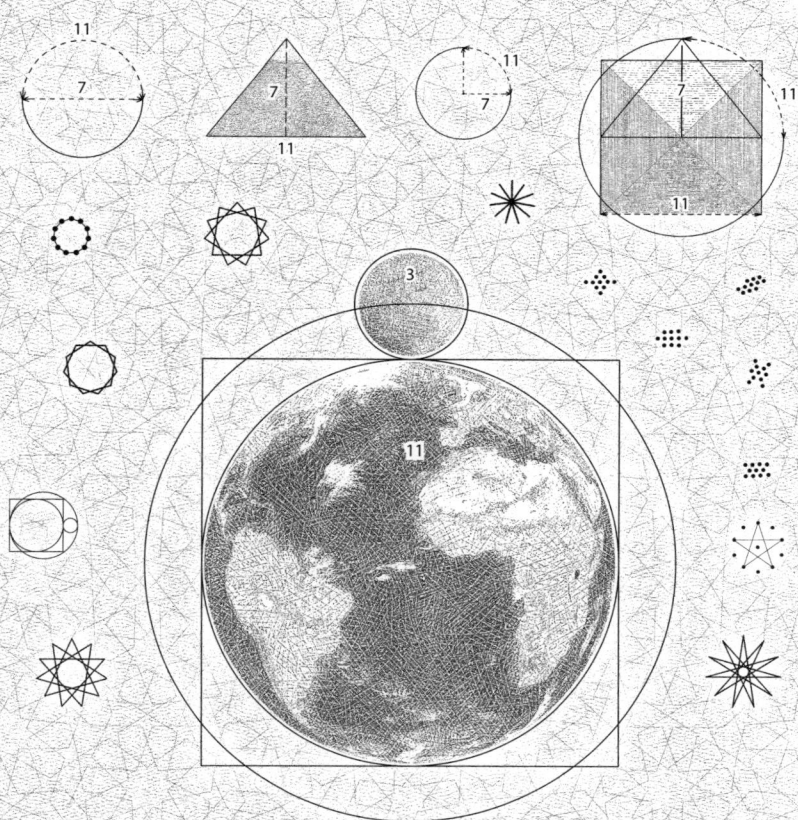

DIÂMETRO DA LUA
= 3 x 1 x 2 x 3 x 4 x 5 x 6
= 3 x 8 x 9 x 10 milhas

DIÂMETRO DA TERRA
= 1 x 2 x 3 x 4 x 5 x 6 x 11
= 8 x 9 x 10 x 11 milhas

RAIOS DA LUA + TERRA
= 1 x 2 x 3 x 4 x 5 x 6 x 7
= 7 x 8 x 9 x 10 milhas

ÁREA DO CÍRCULO CELESTIAL
= 2 x 1 x 2 x 3 x 4 x 5 x 6 x 7 x 8 x 9 x 10 x 11
milhas quadradas

O DOZE
Céu e Terra

Doze é o primeiro número abundante, com a soma de seus divisores – um, dois, três, quatro e seis – resultando em um valor maior que ele mesmo. Doze pontos em um círculo podem juntar-se para formar quatro triângulos, três quadrados ou dois hexágonos (*figura central, imagem ao lado*). Como o produto de três e quatro, o doze é também ocasionalmente associado à soma desses dois números, o sete.

O doze desfruta da terceira dimensão e é o número de arestas tanto do cubo quanto do octaedro. O icosaedro tem doze vértices, e seu dual, o dodecaedro (literalmente "doze faces"), tem faces que são pentágonos regulares. Doze esferas cabem perfeitamente ao redor de uma décima terceira para definir um cuboctaedro.

Em uma escala de sete notas, elas crescem como um padrão de cinco tons e dois semitons (*figura abaixo*). Na afinação moderna, os cinco tons são divididos para criar uma escala de doze semitons idênticos, a bem-humorada escala de doze tons que ouvimos todos os dias.

Curiosamente, o triângulo pitagórico mais simples, depois do triângulo com lados 3-4-5, tem lados com unidades de cinco, doze e treze.

Na mitologia, frequentemente encontramos o doze organizado ao redor de um herói solar central, e há muitas nações formadas por doze tribos. Na antiga China, no antigo Egito e na antiga Grécia, as cidades eram amiúde divididas em doze distritos, e geralmente há doze luas cheias em um ano.

Atualmente, o universo material é compreendido como sendo formado por três gerações de quatro partículas fundamentais, doze ao todo.

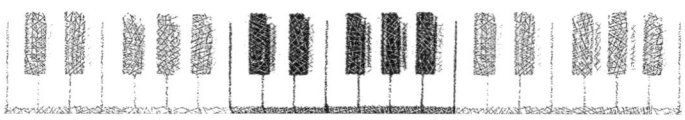

Convenções e contagens
Em direção a números mais altos

Infelizmente, em um livro pequeno como este não há espaço suficiente para cobrir todos os números em detalhes. No *Glossário especial de números* (*ver páginas 56 e 57*), há algumas entradas referentes a números mais altos.

O número treze, o conciliábulo, adorado pelos antigos maias e fundamental para a estrutura de um baralho de cartas, é um número Fibonacci que se manifesta nos movimentos de Vênus, para o qual treze anos equivalem a oito dos nossos. Para que você não ache que é um número de azar, lembre-se de que o mestre de doze discípulos é o décimo terceiro membro do grupo, assim como, em música, o décimo terceiro tom da escala cromática completa a oitava.

O catorze como o dobro de sete, e o quinze, como o triplo de cinco, possuem qualidades únicas, mas começam a demonstrar como os números mais altos e não primos tendem a ser percebidos em termos de seus fatores.

O dezesseis é 2 x 2 x 2 x 2, o quadrado de quatro (ele próprio um quadrado). O dezessete guarda muitos segredos. Tanto o haicai[19] japonês como o hexâmetro[20] grego consistem em dezessete sílabas, e os místicos islâmicos frequentemente se referem a este número como particularmente belo.[21]

O dezoito, como o dobro de nove e três vezes seis, e o dezenove, um número primo, têm forte conexão com a Lua.

O vinte, uma contagem que é a soma dos dedos dos pés e das mãos, é um suporte em muitas culturas. A contagem de dedos, como no exemplo da imagem ao lado, era muito difundida nos mercados medievais europeus. Em francês, oitenta ainda é chamado *quatre-vingt* (quatro vintes), e os antigos maias usavam um sofisticado sistema de base vinte (*glifos para 1 a 19 mostrados abaixo*).

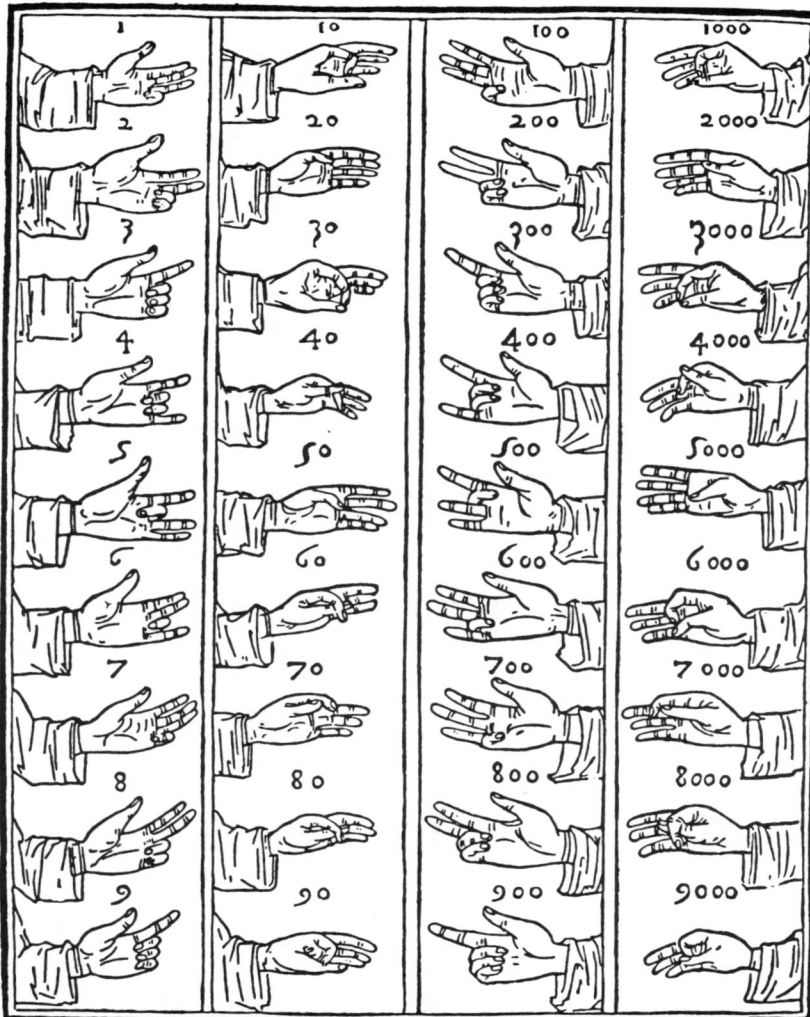

O Quadrivium
As qualidades dos quanta

Outra palavra para um número inteiro é *quantum*, e o *Quadrivium* é uma educação no comportamento dos *quanta* simples. O mais puro estudo dos *quanta* lida com fatores, relações, números triangulares, quadrados e cúbicos, números primos e perfeitos, e com o modo como os números aparecem em sequências como a Fibonacci e a Lucas. Ao dividir a unidade de espaço e tempo também lançamos luz sobre a natureza dos *quanta* nesses meios.

Por exemplo, na imagem ao lado podemos ver alguns dos limites impostos aos números pelo espaço. Permitindo apenas polígonos perfeitos, há três grades regulares (*canto superior esquerdo na imagem*), cinco sólidos regulares (*canto superior direito*), oito grades semirregulares (*centro à esquerda*) e treze sólidos semirregulares (*centro à direita*). Esses números – 3, 5, 8 e 13 – formam um grupo interessante, cada um deles ajuda a colorir as qualidades dos números que invocam.

Os números da música revelam-se como relações simples entre períodos e frequências (*embaixo na imagem*): 1:1 (uníssono), 2:1 (a oitava), 3:2 (a quinta) e 4:3 (a quarta). A frequência da quinta difere da frequência da quarta como 9:8 (o valor da nota que dá origem à escala).

A maneira como os números se revelam no espaço e no tempo exige que estudemos o cosmo manifesto, e o tema tradicional de estudo aqui será o sistema solar. Todavia poderíamos acrescentar também a graciosa simplicidade da tabela periódica, o comportamento quântico dos reinos subatômicos ou a organização de outros fenômenos naturais com elementos discretos.

Os fatos numéricos do espaço e do tempo são universais. Podem ou não tocar as mesmas melodias na galáxia mais próxima com vida inteligente, mas eles concordarão conosco em que as quintas têm um som encantador, e reconhecerão apenas cinco sólidos simples.

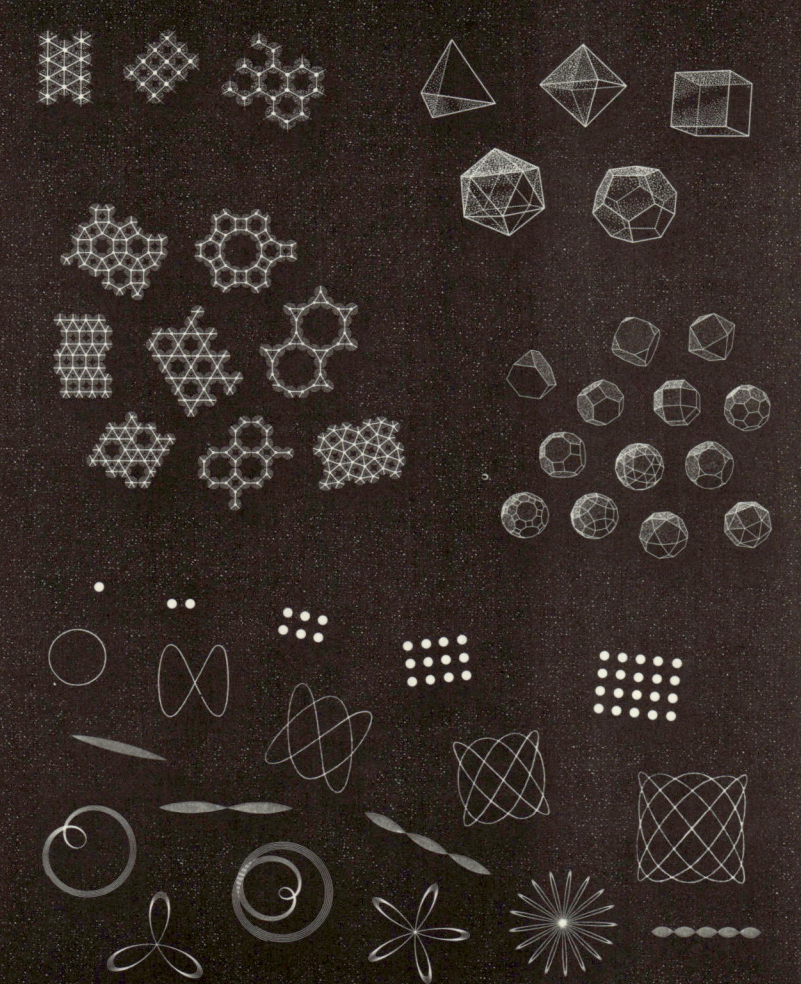

GNÔMONS
Maneiras de crescer

Aristóteles observou que algumas coisas, quando crescem, não sofrem nenhuma outra mudança além da magnitude. Ele estava descrevendo o princípio a que os gregos se referem como "crescimento gnomônico". Originalmente um nome dado a uma ferramenta de carpinteiro, o gnômon é definido como qualquer figura que, quando adicionada a outra, deixa a figura resultante similar à original. A contemplação do gnômon leva a uma compreensão de um dos princípios mais comuns da natureza: o crescimento por acréscimo. Todas as estruturas, como ossos, dentes, chifres e conchas, se desenvolvem dessa maneira.

Os antigos sentiam um fascínio comum por padrões e progressões criados pelas relações entre os números inteiros. Alguns exemplos são os números triangulares, retangulares, quadrados e cúbicos (*topo da imagem ao lado*); temos também o *lambda* de Platão, ou *lambdoma*, que produz toda a gama de relações musicais; e os retângulos proporcionais usados nos projetos gregos, em que cada retângulo subsequente é construído na diagonal do precedente (*centro da imagem ao lado*). A sequência Fibonacci é uma descoberta mais recente, mas baseia-se no mesmo princípio de crescimento gnomônico. O desenho abaixo mostra uma seção transversal do templo asteca de Tenayuca, revelando cinco reconstruções gnomônicas, realizadas cada 52 anos, quando o calendário asteca, herdado dos maias, era reiniciado e todas as construções renovadas.

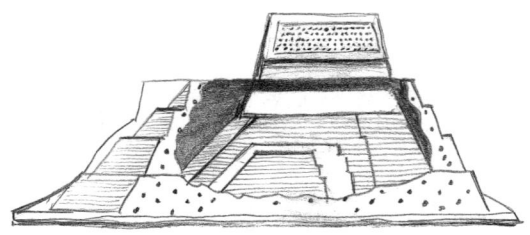

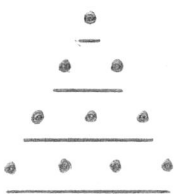

Números TRIANGULARES
Aqui, a sequência 1, 3, 6 e 10 aumenta
de forma triangular.

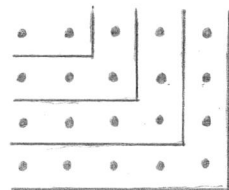

Números RETANGULARES
Aqui, a sequência 2, 6, 12 e 20
aumenta de forma musical.

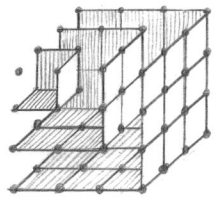

Números QUADRADOS e CÚBICOS
Aqui, temos as faces do quadrado 1, 4,
9 e 16, e os cubos 1, 8, 27 e 64.

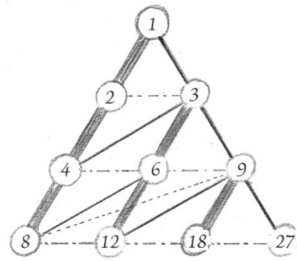

LAMBDOMA
A linha mais pesada mostra a oitava (2:1),
enquanto, do outro lado, os números triplicam.
Também estão presentes a quinta (3:2), a quarta
(4:3) e o tom inteiro (9:8).

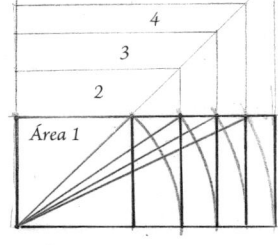

RETÂNGULOS PROPORCIONAIS
Começando com um quadrado de área 1, cada
retângulo sucessivo é construído na diagonal do
precedente, para criar quadrados com áreas iguais
a 2, 3, 4 e 5.

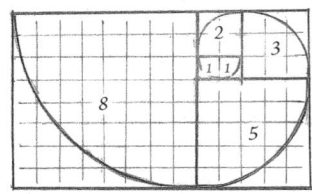

ESPIRAL ÁUREA
Começando com um quadrado, construímos novos
quadrados para criar uma espiral de quadrados que
crescem e crescem pela mágica sequência Fibonacci
1, 1, 2, 3, 5, 8, 13, 21, 34, 55.

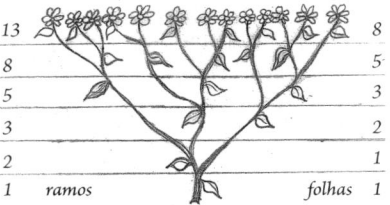

OS NÚMEROS DE CRESCIMENTO
A sequência Fibonacci aparece em muitas coisas
vivas. Aqui a vemos nos números das folhas e ramos
de uma simples margarida-do-campo.

Tempo e espaço
A cosmologia e o número manifesto

Olhando em torno, há números que particularmente se manifestam ao redor da Terra, nos céus e em nossas ciências. Por exemplo, há doze luas cheias em um ano solar, mas a décima segunda aparece a onze dias do fim do ano, o que significa que um ano de doze luas – como o calendário islâmico – se desloca lentamente em relação ao ano solar, e retorna novamente depois de trinta e três anos, ou três números onze.

Outro par de números que casam Sol e Lua são o dezoito e o dezenove: enquanto os eclipses solares se repetem após dezoito anos, as datas de luas cheias repetem-se após dezenove anos. O monumento de Stonehenge mostra essa relação com as dezenove pedras em sua ferradura interna (*canto inferior direito da imagem ao lado*). Duas luas cheias ocorrem cada cinquenta e nove dias, e Stonehenge registra isso em seu círculo mais externo de trinta pedras, uma das quais com metade da largura das demais, sugerindo vinte e nove dias e meio por lua.

O planeta Vênus desenha um padrão quíntuplo ao redor da Terra a cada oito anos, o que permite desenhar um surpreendente diagrama (*centro da imagem*). Nesse ciclo de oito anos ocorrem quase exatamente noventa e nove luas cheias, ou nove números onze, que é também o número de nomes ou reflexos de Alá no islã. Já o planeta Júpiter desenha um belo padrão de onze voltas ao redor da Terra (*figura central, topo da imagem*).

Os números de muitos ciclos mais longos, como o do Grande Ano ou a precessão dos equinócios, também são ricos em qualidades secretas. Cada grande mês, como a Era de Peixes ou a de Aquário, dura 2.160 anos, que também é o diâmetro da Lua em milhas. Doze grandes meses ou eras equivalem ao valor ocidental de 25.920 anos para o ciclo completo.

Os antigos maias eram magníficos observadores das estrelas. Seu calendário (*canto inferior esquerdo*) sincronizava não apenas o Sol e a Lua, mas também Vênus e Marte. Eles perceberam que 81 (ou 3 x 3 x 3 x 3) luas cheias ocorriam exatamente a cada 2.392 dias (ou 8 x 13 x 23) – uma engrenagem espantosamente precisa.

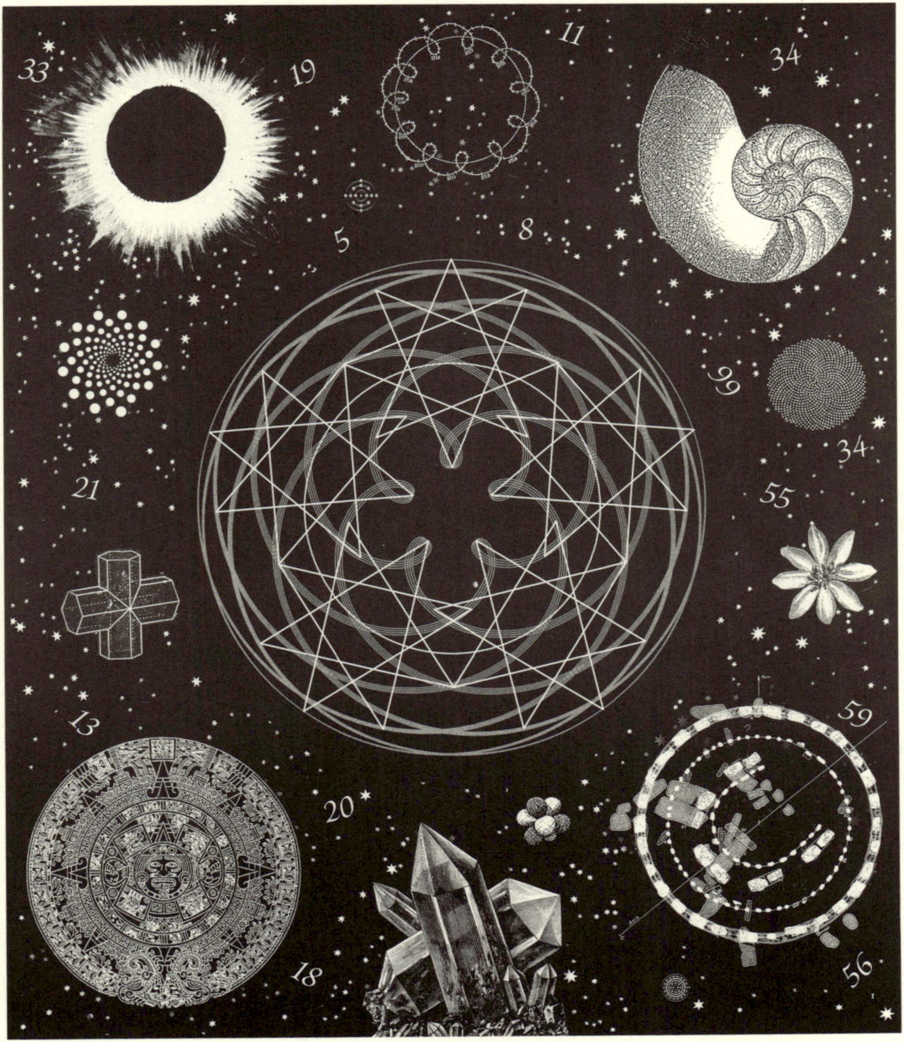
33
19
11
34
5
8
34
21
55
13
59
20
18
56

Babilônia, Suméria e Egito
Primeiros sistemas numéricos

Cerca de 3000 a.C. os sumérios desenvolveram a escrita mais antiga que conhecemos e, com ela, um sistema de numeração de base 60 ou sexagesimal (*ver página 51*). Sendo um número particularmente útil, o sessenta é divisível por um, dois, três, quatro, cinco e seis.[22]

Trabalhar com uma base sexagesimal cria padrões numéricos diferentes do nosso moderno sistema de base decimal. Uma tábua de argila suméria impressa com uma escrita de estilo cuneiforme – "em forma de cunha" – mostra uma tabela de multiplicação para o número 36 na imagem ao lado. O sistema de base sexagesimal sobrevive hoje em nosso cálculo de ciclos e círculos com sessenta segundos em um minuto, sessenta minutos em uma hora, ou grau, e 6 x 60 = 360 graus em um círculo.

A antiga numeração egípcia era feita de caracteres que representavam 1, 10, 100 e assim por diante. Um exemplo da aritmética egípcia é o seu método de multiplicação, que usa duplicação repetida, seguida por adição seletiva, para encontrar a resposta (*canto superior direito, imagem ao lado*).

A visão antiga do número é uma visão musical, em que cada número é invertido no espelho da Unidade: o dois torna-se uma metade, o três torna-se um terço, e assim por diante. Na base sexagesimal, esta reciprocidade é especialmente bela, já que todos os múltiplos de dois, três, quatro, cinco e seis se tornam frações simples. Por exemplo, o número quinze torna-se um quarto. Os babilônios herdaram e usaram esse sistema para invocar seus deuses.

As frações egípcias usavam o hieróglifo de uma boca (*figura abaixo*), enquanto as frações de volume eram representadas pelo Olho de Hórus.

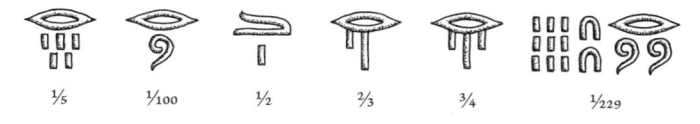

⅕   ⅟₁₀₀   ½   ⅔   ¾   ⅟₂₂₉

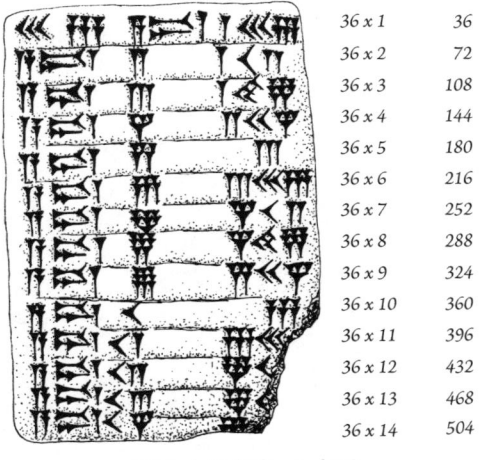

36 x 1	36
36 x 2	72
36 x 3	108
36 x 4	144
36 x 5	180
36 x 6	216
36 x 7	252
36 x 8	288
36 x 9	324
36 x 10	360
36 x 11	396
36 x 12	432
36 x 13	468
36 x 14	504

Tabela de Multiplicação do 36

> 1	7
> 2	14
4	28
> 8	56
16	112
> 32	224
(43 x 7)	301

Multiplicação Egípcia

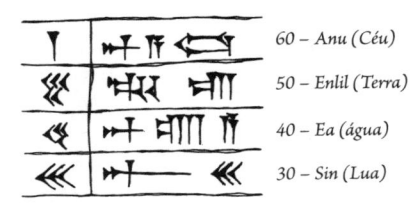

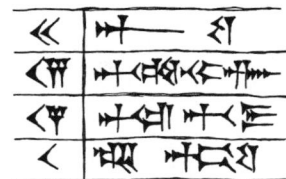

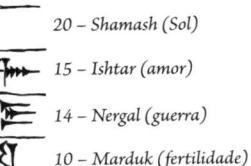

		60 – Anu (Céu)
		50 – Enlil (Terra)
		40 – Ea (água)
		30 – Sin (Lua)
		20 – Shamash (Sol)
		15 – Ishtar (amor)
		14 – Nergal (guerra)
		10 – Marduk (fertilidade)

Números dos Deuses

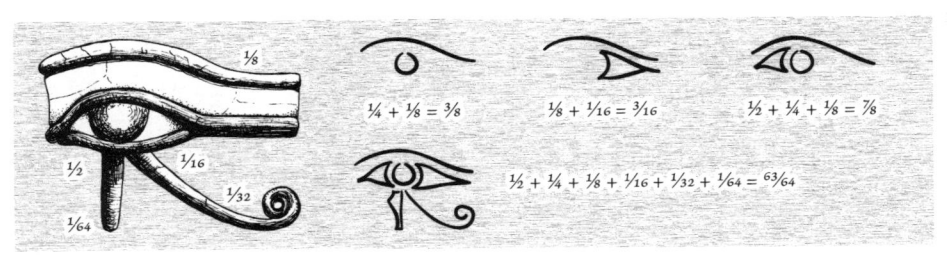

$1/8$

$1/2$ $1/16$

$1/32$

$1/64$

$1/4 + 1/8 = 3/8$

$1/8 + 1/16 = 3/16$

$1/2 + 1/4 + 1/8 = 7/8$

$1/2 + 1/4 + 1/8 + 1/16 + 1/32 + 1/64 = 63/64$

O Olho de Hórus – Frações de Volume

ÁSIA ANTIGA
Manipulando dezenas

Na China, um sistema decimal escrito com treze caracteres básicos tem sido utilizado há mais de três mil anos (*ver página 51*). Outro meio de escrever números particularmente belo é o sistema de numeração com varetas chamado *suan zi* ou *sangi*, completo, e que conta com um pequeno zero, usado na China, no Japão e na Coreia, de alguma forma, pelo menos desde 200 a.C. (*figura abaixo*). Depois, o famoso ábaco chinês substituiu as tábuas de contagem do sistema de numeração com varetas. A velocidade de seus operadores, em particular no Extremo Oriente, é lendária, e ainda hoje seu uso é muito difundido.

A Índia tem uma tradição numérica muito antiga. A aritmética é proeminente em muitas de suas escrituras, e sua cosmologia utiliza grandes números, rivalizados hoje em dia apenas com os da física moderna. Os algarismos indianos tiveram origem no sistema de numeração *brahmi*, com quarenta e cinco caracteres para formar os números de 1 a 90.000. Com o passar do tempo, as especulações dos matemáticos indianos exigiram um novo sistema, que combinava os nomes dos primeiros nove números com potências de dez. Suas técnicas de cálculo rápidas e elegantes e a descrição de números muito grandes resultaram em alguns cálculos surpreendentes.

O zero também surgiu para designar, sem confusão, uma potência decimal vazia. Na verdade, é da Índia que recebemos, por intermédio dos árabes, o nosso moderno sistema numérico de casas decimais.

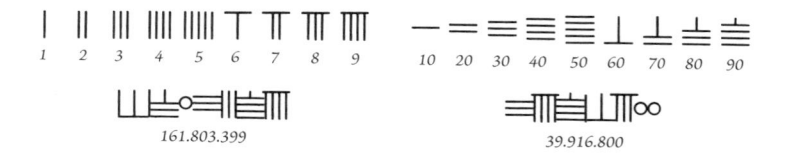

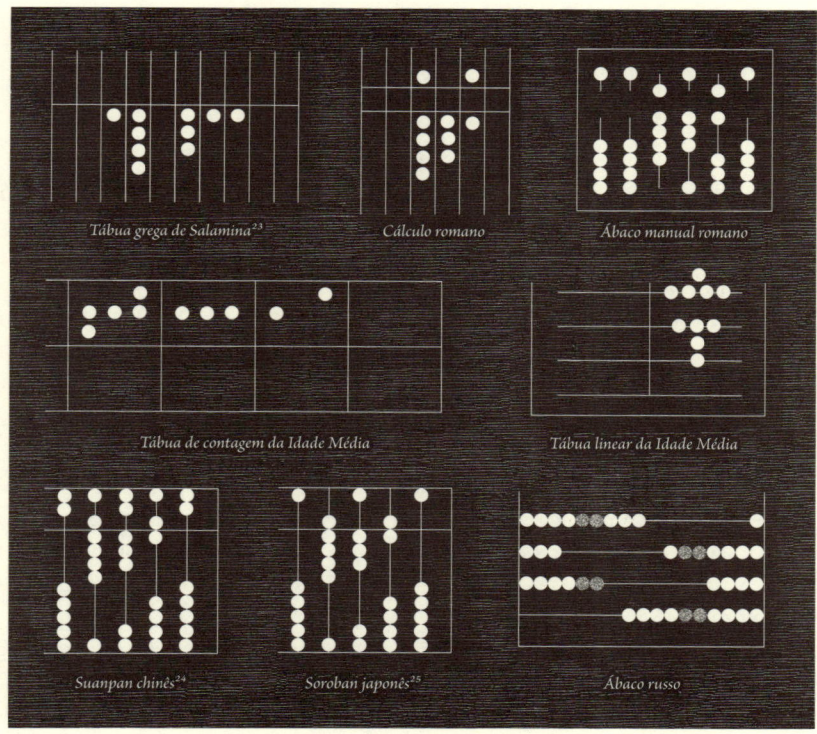

Tábua grega de Salamina[23]   *Cálculo romano*   *Ábaco manual romano*

Tábua de contagem da Idade Média   *Tábua linear da Idade Média*

Suanpan chinês[24]   *Soroban japonês*[25]   *Ábaco russo*

O número 9.360 em vários quadros de contagem

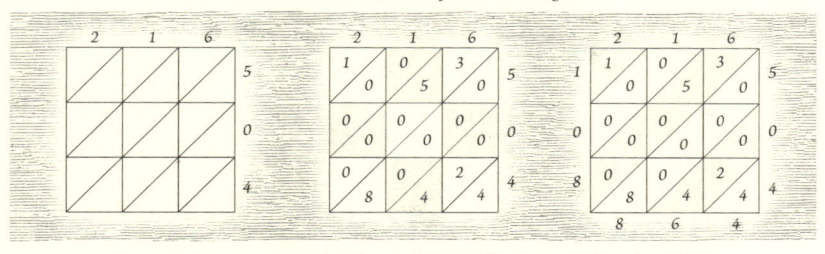

Um uso árabe para os numerais indianos – 216 multiplicado por 504 é igual a 108.864

GEMATRIA
Números que falam e códigos secretos

Os fenícios usavam um alfabeto muito elegante, composto de vinte e duas consoantes, para codificar os sons de sua língua. Com o tempo, sua escrita foi adotada pelos povos do Mediterrâneo e, por meio de sua variação latina, tornou-se o alfabeto que usamos hoje.

A gematria usa letras como símbolos numéricos, de forma que a linguagem se torna matemática. Importantes números canônicos, geométricos, musicais, metrológicos e cosmológicos são definidos por muitos termos-chave nos textos antigos. A gematria apareceu inicialmente na Grécia Antiga, posteriormente foi adaptada para o hebraico e também para o árabe, conhecida pelo nome *abjad*. Nessas três línguas existe também um sistema simplificado que usa os mesmos valores sem os zeros.

O exemplo abaixo mostra duas frases relacionadas conectadas por uma soma idêntica. Isso dá uma ideia da ressonância mágica e simultânea entre palavras e números que qualquer leitor instruído teria experimentado no passado, uma vez que a gematria, por mais de mil anos, não foi meramente uma especialidade oculta, mas o modo-padrão adotado para representar os números.

Essa ciência secreta ainda é usada hoje em dia por místicos e feiticeiros que empregam as conexões entre palavras, frases e números por sua significância mística e seu poder talismânico.

O Espírito Santo				Fonte de Sabedoria	
ΤΟ	ΑΓΙΟΝ	ΠΝΕΥΜΑ	= 1.080 =	ΠΗΓΗ	ΣΟΦΙΑΣ
300.70	1.3.10.70.50	80.50.5.400.40.1		80.8.3.8	200.70.500.10.1.200
370	134	576		99	981

Fenício arcaico		Grego			Hebraico		Árabe Leste | Oeste		Valor
'aleph	𐤀	alpha	A	α	aleph	א	'alif	ا	1
bet	𐤁	beta	B	β	bet	ב	ba	ب	2
gimmel	𐤂	gamma	Γ	γ	gimmel	ג	jim	ج	3
dalet	𐤃	delta	Δ	δ	dalet	ד	dal	د	4
he	𐤄	epsilon	E	ε	he	ה	ha	ه	5
waw	𐤅	digamma	F	ϛ	vov	ו	waw	و	6
zayin	𐤆	zeta	Z	ζ	zayin	ז	za	ز	7
ḥet	𐤇	eta	H	η	het	ח	ḥa	ح	8
ṭet	𐤈	theta	Θ	θ	tet	ט	ṭa	ط	9
yod	𐤉	iota	I	ι	yod	י	ya	ي	10
kaf	𐤊	kappa	K	κ	kof	כ	kaf	ك	20
lamed	𐤋	lambda	Λ	λ	lamed	ל	lam	ل	30
mem	𐤌	mu	M	μ	mem	מ	mim	م	40
nun	𐤍	nu	N	ν	nun	נ	nun	ن	50
samekh	𐤎	ksi	Ξ	ξ	samekh	ס	sin/ṣad	ص س	60
'ayin	𐤏	omicron	O	o	ayin	ע	'ayn	ع	70
pe	𐤐	pi	Π	π	pé	פ	fa	ف	80
ṣade	𐤑	qoppa	Ϙ	ϙ	tsade	צ	ṣad/ḍad	ض ص	90
qof	𐤒	rho	P	ρ	quf	ק	qaf	ق	100
resh	𐤓	sigma	Σ	σ	resh	ר	ra	ر	200
shin	𐤔	tau	T	τ	shin	ש	shin/sin	س ش	300
taw	𐤕	upsilon	Υ	υ	tav	ת	ta	ت	400
		phi	Φ	φ	kof	ך	tha	ث	500
		chi	X	χ	mem	ם	kha	خ	600
		psi	Ψ	ψ	nun	ן	dhal	ذ	700
		omega	Ω	ω	pé	ף	ḍad/ḏha	ظ ض	800
		san	ϻ	ϻ	tsade	ץ	ḏha/ghayn	غ ظ	900
							ghayn/shin	ش غ	1.000

O sistema grego inclui as letras em desuso *digamma* e *qoppa* em sua ordem original e reintroduz a letra em desuso *san* no final.
Da mesma forma, o sistema hebraico usa cinco formas literais especiais para o "final de palavras", a fim de chegar ao 900.
No sistema árabe, as letras usadas para 60, 90, 300, 800, 900 e 1.000 diferem entre o Ocidente e o Oriente do mundo islâmico.

QUADRADOS MÁGICOS
Quando tudo acrescenta

Os quadrados mágicos são uma maneira fascinante de organizar números, e há livros inteiros dedicados a eles e a seus usos secretos. A soma mágica de qualquer quadrado é a mesma seja qual for a linha somada.

Sete quadrados mágicos são tradicionalmente associados aos planetas (*imagem ao lado*). O quadrado de três por três células é associado a Saturno, e os demais quadrados aumentam suas divisões na ordem de 1 à medida que descem através de cada esfera planetária, a fim de alcançar o quadrado lunar de nove por nove. Nesses quadrados aparecem padrões elegantes de números pares e ímpares (*sombreados nos diagramas*). Cada planeta também está associado a um selo mágico baseado na estrutura do respectivo quadrado – um código útil para os magos.

Um quadrado mágico é um exemplo de permutação a ordenar coisas em conjunto de uma forma particular. Há oito formas possíveis de somar três números entre 1 e 9 cujo resultado seja 15, e todas as oito formas estão presentes no quadrado mágico de três por três.

Outros totais encontrados em quadrados mágicos valem uma segunda olhada. O povo maia certamente se teria deleitado com o fato de que o quadrado de oito por oito tem a soma mágica de 13 x 20 (260), enquanto o total da linha solar, equivalente a cento e onze,[26] resulta no sinistro 666 como soma do quadrado completo.

Usando a gematria como uma chave mágica adicional, palavras e quadrados mágicos naturalmente se entrelaçam no mundo secreto dos encantamentos e de outras artes talismânicas (*veja o exemplo abaixo*).

♄
Soma mágica 15
Soma do quadrado 45

4	9	2
3	5	7
8	1	6

☽
Soma mágica 369
Soma do quadrado 3.321

37	78	29	70	21	62	13	54	5
6	38	79	30	71	22	63	14	46
47	7	39	80	31	72	23	55	15
16	48	8	40	81	32	64	24	56
57	17	49	9	41	73	33	65	25
26	58	18	50	1	42	74	34	66
67	27	59	10	51	2	43	75	35
36	68	19	60	11	52	3	44	76
77	28	69	20	61	12	53	4	45

♃
Soma mágica 34
Soma do quadrado 136

4	14	15	1
9	7	6	12
5	11	10	8
16	2	3	13

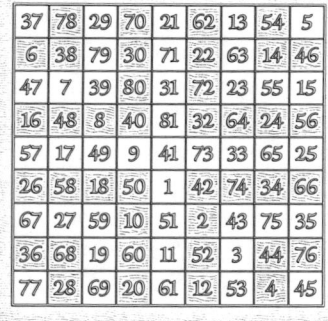

♂
Soma mágica 65
Soma do quadrado 325

11	24	7	20	3
4	12	25	8	16
17	5	13	21	9
10	18	1	14	22
23	6	19	2	15

☿
Soma mágica 260
Soma do quadrado 2.080

8	58	59	5	4	62	63	1
49	15	14	52	53	11	10	56
41	23	22	44	45	19	18	48
32	34	35	29	28	38	39	25
40	26	27	37	36	30	31	33
17	47	46	20	21	43	42	24
9	55	54	12	13	51	50	16
64	2	3	61	60	6	7	57

☉
Soma mágica 111
Soma do quadrado 666

6	32	3	34	35	1
7	11	27	28	8	30
19	14	16	15	23	24
18	20	22	21	17	13
25	29	10	9	26	12
36	5	33	4	2	31

♀
Soma mágica 175
Soma do quadrado 1.225

22	47	16	41	10	35	4
5	23	48	17	42	11	29
30	6	24	49	18	36	12
13	31	7	25	43	19	37
38	14	32	1	26	44	20
21	39	8	33	2	27	45
46	15	40	9	34	3	28

Mito, jogo e rima
Números com os quais crescemos

Algumas de nossas primeiras experiências com números ocorrem por meio de jogos, rimas, histórias e mitos culturais, muitos dos quais guardam tesouros de relações numéricas ocultas.

Antigas formas de linguagem tinham regularmente base numérica, e assim em poesia encontramos tercetos (três linhas de verso), quartetos (versos de quatro linhas), pentâmetros (linhas com cinco sílabas tônicas), hexâmetros (linhas com seis sílabas tônicas) e haicais (poema de três linhas com dezessete sílabas: cinco, sete e depois cinco).

Os jogos, assim como os mitos e as histórias, podem armazenar informações. A soma de um maço de cartas do baralho comum, contando o valete, a rainha e o rei como 11, 12 e 13, equivale a 364; com o curinga, resulta em 365, que é o número de dias em um ano. Os números dezoito e dezenove do jogo chinês Go ecoam os ciclos do Sol e da Lua (*ver página 36*). Esses jogos antigos refletem princípios eternos, sugerindo jogos cósmicos mais amplos, também com os números em seu centro.

Muitos jogos são dependentes dos números para a sua estrutura e regras. Imagine uma partida de pôquer jogada por pessoas que não possam contar além de três! Abaixo estão dois exemplos de movimentos do cavalo no tabuleiro de xadrez, os quais produzem quadrados mágicos quando numerados em sequência.

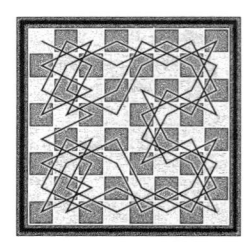

Go[27]

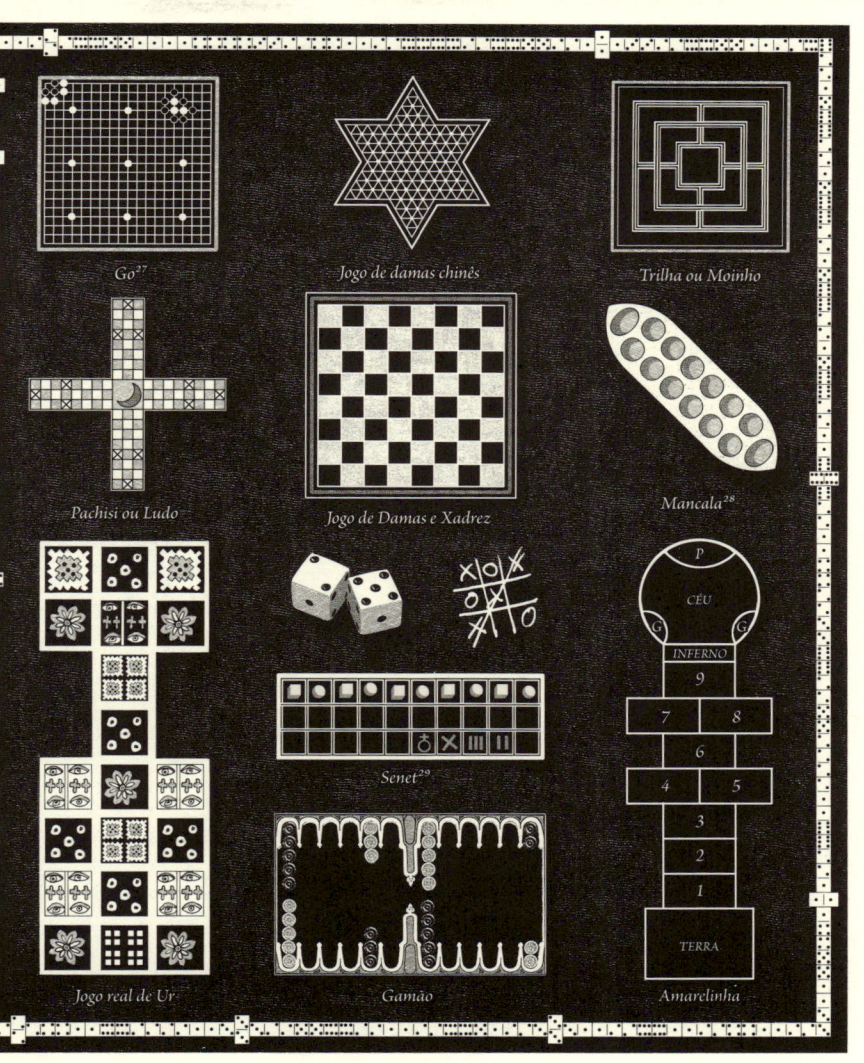

Jogo de damas chinês

Trilha ou Moinho

Pachisi ou Ludo

Jogo de Damas e Xadrez

Mancala[28]

Jogo real de Ur

Senet[29]

Gamão

Amarelinha

Números modernos
A aurora da complexidade

Quando os antigos gregos provaram que as diagonais dos quadrados não podem ser expressas como frações, dizem que isso causou uma crise, um pouco como o terror que muitas pessoas experimentam ainda hoje ao enfrentar o símbolo da raiz quadrada, √.

Os últimos quatrocentos anos do pensamento humano transformaram nossa concepção do número. Depois da adoção dos numerais indianos e do zero, o feitiço seguinte foi a invenção dos números *negativos*, que criou uma linhagem de números que desaparecia em duas direções. Os números negativos eram úteis, mas criavam um dilema: um número negativo ao quadrado produz um número positivo – então o que são as raízes quadradas de números negativos? Os matemáticos perceberam que havia toda uma outra linhagem de números inteiros, de raízes quadradas de números negativos, a que chamaram números *imaginários*, representados atualmente por um *i* (assim, *i* é a raiz quadrada de menos um). Hoje em dia, os números vivem em um plano numérico, com uma parte real e uma parte complexa. Curiosamente, é o jogo entre os números imaginários e os reais que facilmente produz a bela complexidade dos fractais e da Teoria do Caos,[30] modelos de formas e processos recursivos que encontramos à nossa volta na natureza.

Com o sistema decimal que usamos hoje, podemos descrever com grande precisão números como o π ou *pi*, que é a razão entre a circunferência de um círculo e o seu diâmetro. Contudo, alguns dos mais belos objetos da matemática moderna simplesmente empregam frações repetidas que teriam sido familiares aos povos antigos. Isso captura a complexa essência das raízes quadradas, da proporção áurea φ ou Φ, do pi π, e da função exponencial de crescimento *e*.

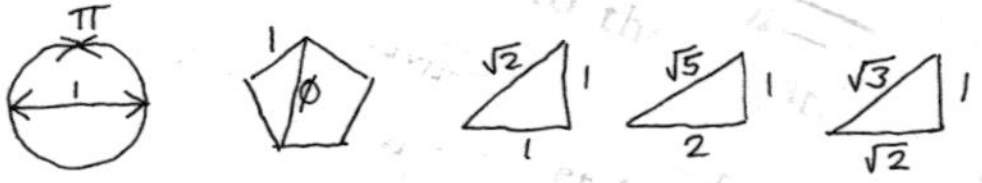

$$\phi = \frac{\sqrt{5}+1}{2}$$

$$\sqrt{2}+\sqrt{3}+\sqrt{5}+\phi \approx 7$$

$$\pi \approx 6/5\,\phi^2$$

$$\sqrt{2} = 1.41421356237\ldots$$

$$\sqrt{3} = 1.732050807569\ldots$$

$$\phi = 1.61803398875\ldots$$

$$\sqrt{5} = 2.2360679775\ldots$$

$$e = 2.718281828460\ldots$$

$$\pi = 3.14159265359\ldots$$

$$\sqrt{2} = 1+\cfrac{1}{2+\cfrac{1}{2+\cfrac{1}{2+\cfrac{1}{2+\cfrac{1}{2+\cfrac{1}{2+\cfrac{1}{2}\cdots}}}}}}$$

$$\sqrt{3} = 1+\cfrac{1}{2+\cfrac{1}{1+\cfrac{1}{2+\cfrac{1}{1+\cfrac{1}{2+\cfrac{1}{1+\cfrac{1}{2+\cdots}}}}}}}$$

$$\sqrt{5} = 2+\cfrac{1}{4+\cfrac{1}{4+\cfrac{1}{4+\cfrac{1}{4+\cfrac{1}{4+\cfrac{1}{4+\cdots}}}}}}$$

$$\phi = 1+\cfrac{1}{1+\cfrac{1}{1+\cfrac{1}{1+\cfrac{1}{1+\cfrac{1}{1+\cfrac{1}{1+\cdots}}}}}}$$

$$V-E+F=2$$

$$N_{n+1} = N_n^2 + c$$

$$\sqrt{-1} = i$$

$$e^{i\pi}+1=0$$

$$\frac{\pi}{4} = \frac{1}{1}-\frac{1}{3}+\frac{1}{5}-\frac{1}{7}+\frac{1}{9}-\frac{1}{11}+\frac{1}{13}-\cdots$$

$$e^x = 1+x+\frac{x^2}{2!}+\frac{x^3}{3!}+\frac{x^4}{4!}+\frac{x^5}{5!}+\cdots$$

$$e = 1+1+\frac{1}{2!}+\frac{1}{3!}+\frac{1}{4!}+\frac{1}{5!}+\cdots$$

$$r = \sqrt{x^2+y^2}$$

$$\sin x = x-\frac{x^3}{3!}+\frac{x^5}{5!}-\frac{x^7}{7!}+\cdots$$

$$y = r\sin\theta$$

$$x = r\cos\theta$$

$$y = x\tan\theta$$

$$\cos x = 1-\frac{x^2}{2!}+\frac{x^4}{4!}-\frac{x^6}{6!}+\cdots$$

Zero
Nada mais a dizer

O zero foi deixado por último porque, em certo sentido, não é realmente um número, apenas uma marca que representa a ausência do número. Talvez seja por essa razão, e pelo terror que muitos teólogos sentiam por ele, que nada levou tanto tempo para emergir como algo reconhecido, e em algumas poucas culturas mais sensíveis isso nunca aconteceu.

Um símbolo para o zero foi inventado, de forma independente, pelo menos três vezes. Em 400 a.C., os babilônios começaram a usar a forma de duas cunhas impressas em argila para representar o sinal de um "lugar vazio" em seus números sexagesimais, indicando "nenhum número nesta coluna". Do outro lado do mundo, e cerca de mil anos depois, os maias adotaram um símbolo em forma de concha para a mesma função.

A forma circular que o "nada" assumiu com os indianos refletia o entalhe deixado na areia quando um seixo, usado para a contagem, era removido. Desse modo, o nosso zero moderno, herdado dos indianos, começou como o traço visível de algo que já não estava lá.

Da mesma forma que o um, o zero explora a fronteira entre a ausência e a presença. Os primeiros tratados de matemática indianos referem-se a ele como *sunya*, que significa "vazio", chamando a atenção para o abismo, o incognoscível final, o solo fecundo de todo ser.

Talvez seja apropriado que o nosso zero assuma a forma de um círculo, que é o símbolo da unidade, e que o nosso número um assuma a forma de uma linha curta entre dois pontos. Como reconhecido pela gematria, cada número contém em si a semente de seu sucessor, e os símbolos para o zero e para o um estranhamente se combinam para criar o símbolo áureo φ – pensamento adequado para encerrar este livro.

Os primeiros sistemas numéricos

Todos os sistemas antigos apresentados na tabela abaixo utilizam pequenos conjuntos de caracteres para representar uma gama limitada de números. Os sistemas dos antigos povos do Mediterrâneo repetem marcas, como uma talha (vara de cálculo), para representar alguns números, enquanto o sistema chinês combina os caracteres usados para os números de 1 a 9 com os caracteres que representam 10, 100, 1.000 e 10.000. Em todos esses sistemas, um número como 57 seria escrito com o caractere (ou caracteres) utilizado para 50, seguido pelo caractere utilizado para 7, sem notação posicional.

	Hieróglifos egípcios	Cursivas egípcias	"Linear B" cretense	Ático grego (Atenas)	Sabá (Arábia do Sul)	Romano antigo	Romano medieval	Chinês arcaico	Escrita de selo chinesa	Chinês clássico
1	ı	ı	ı	ı	ı	I	I	—	〇	一
2	ıı	ıı	ıı	ıı	ıı	II	II	=	〇	二
3	ııı	ııı	ııı	ııı	ııı	III	III	≡	〇	三
4	ıııı	ıııı	ıı / ıı	ıııı	ıııı	IIII	IV	≣	〇	四
5	ııı / ıı	⌐	ııı / ıı	Γ	Ψ	V	V	✕	〇	五
6	ııı / ııı	∠	ııı / ııı	ΓI	ΨI	VI	VI	∧	〇	六
7	ıııı / ııı	⌐ʐ	ıııı / ııı	ΓII	ΨII	VII	VII	+	〇	七
8	ıııı / ıııı	=	ıııı / ıııı	ΓIII	ΨIII	VIII	VIII	)(	〇	八
9	ıııı / ıııı / ı	↶	ıııı / ıııı / ı	ΓIIII	ΨIIII	VIIII	IX	₷	〇	九
10	∩	ʌ	—	Δ	○	X	X	—|	〇	十
20	∩∩	ʎ	=	ΔΔ	○○	XX	XX	=|	〇	二十
30	∩∩∩	ʎ	≡	ΔΔΔ	○○○	XXX	XXX	≡|	〇	三十
40	∩∩ / ∩∩	⌐	≣	ΔΔΔΔ	○○○○	XXXX	XL	≣|	〇	四十
50	∩∩∩ / ∩∩	ʐ	Ϝ	Γ	Ϸ	∨	L	✕|	〇	五十
60	∩∩∩ / ∩∩∩	⋎	==	ΓΔ	Ϸ○	∨X	LX	∧|	〇	六十
70	∩∩∩∩ / ∩∩∩	ʑ	≡≡	ΓΔΔ	Ϸ○○	∨XX	LXX	+|	〇	七十
80	∩∩∩∩ / ∩∩∩∩	⋓	≡≡=	ΓΔΔΔ	Ϸ○○○	∨XXX	LXXX	)(|	〇	八十
90	∩∩∩∩∩ / ∩∩∩∩	⋍	≡≡≡	ΓΔΔΔΔ	Ϸ○○○○	∨XXXX	XC	₷|	〇	九十
100	❦	⌒	○	Η	Ƀ	✻	C	—◊	〇	一百
500	❦❦❦	⌒⌒⌒	○○○ / ○○	Γ	ɃɃɃɃɃ	⟨✻	D	✕◊	〇	五百
1.000	⌇	⌃	◇	X	⌃	⊗	M	—⟩	〇	一千
5.000	⌇⌇⌇ / ⌇⌇	⌃⌃⌃	◇◇◇ / ◇◇	Γ	⌃⌃⌃⌃⌃			✕⟩	〇	五千
10.000	𓆼		⊖	M					〇	一萬

Sistema numérico de notação posicional

São poucos, e distantes entre si, os sistemas de numerais que utilizam a posição ou "notação posicional" para representar a magnitude de determinado dígito. O mais antigo desses sistemas é o cuneiforme sumério. As marcas feitas com instrumentos pontiagudos na argila são repetidas a fim de criar glifos para os números 1 a 59, com a notação posicional indicando números maiores. Depois, os babilônios introduziram um marcador de "lugar vazio", criando efetivamente o primeiro zero.

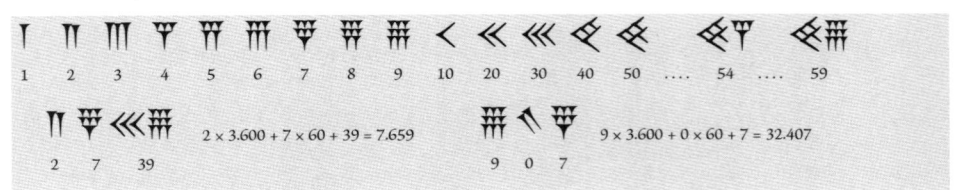

Independentemente, os maias descobriram a notação posicional e a utilização do zero. Seu sistema de base vinte é em geral escrito verticalmente. Os dígitos na terceira posição não são vinte, mas dezoito vezes aqueles da segunda posição, provavelmente por causa do uso temporal de 360 (baseado no calendário).

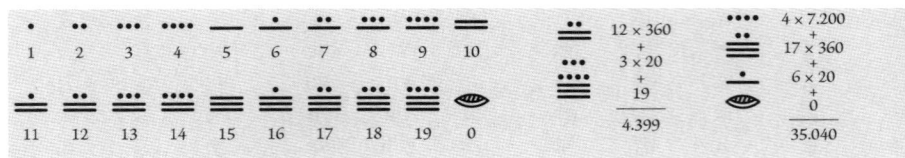

O sistema numérico de varas do Extremo Oriente alterna-se em duas versões de nove glifos. O pequeno zero indiano foi adotado no século XVIII.

Nosso sistema numérico originou-se nos números indianos Brami. A partir do século VI, foram utilizadas variações dos primeiros nove dígitos Brami com um pequeno zero circular, em um sistema de notação posicional. Esse sistema foi passado à Europa pelos árabes.

NÚMEROS PITAGÓRICOS

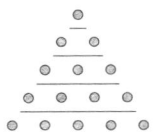

Números triangulares
Soma dos números
$1 + 2 + 3 + 4 ...$

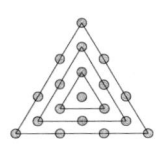

Números triangulares centrados
Triângulos aumentam em 3
$1 + 3 + 6 + 9 ...$

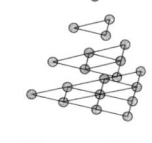

Números tetraédricos
Soma dos números triangulares
$1 + 3 + 6 + 10 ..$

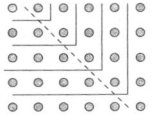

Números retangulares
Duas vezes números triangulares, também

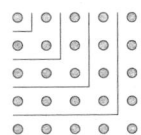

Números quadrados
Soma de números ímpares
$1 + 3 + 5 + 7 + 9 + ..$
$1, 4, 9, 16, 25, ...$

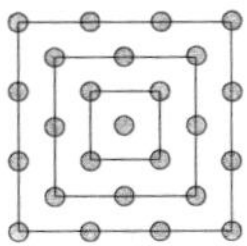

Números quadrados centrados
Quadrados aumentam em 4
$1 + 4 + 8 + 12 + ..$
$1, 5, 13, 25, ...$

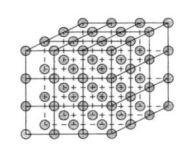

Números cúbicos
$1 \times 1 \times 1, 2 \times 2 \times 2,$
$3 \times 3 \times 3, 4 \times 4 \times 4, ...$
$1, 8, 27, 64, ...$

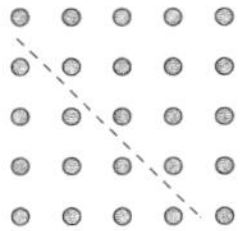

Números quadrados como a soma de dois números triangulares adjacentes
Aqui $10 + 15 = 25$

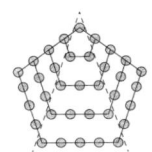

Números pentagonais
Separados em grupos de três
$1 + 4 + 7 + 10 + 13 + ...$
$1, 5, 12, 22, 35, ...$

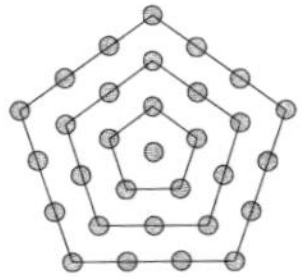

Números pentagonais centrados
Até mais cinco
$1 + 5 + 10 + 15 + ...$
$1, 6, 16, 31, 61 ...$

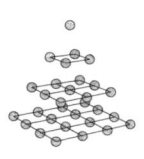

Números piramidais quadrados
Quadrado por quadrado
$1 + 4 + 9 + 16 + ...$
$1, 5, 14, 30, 55 ...$

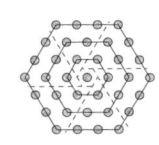

Números hexagonais centrados
Centro e seis triângulos
$1 + 6 + 12 + 18 + ...$
$1, 7, 19, 37, 61 ...$

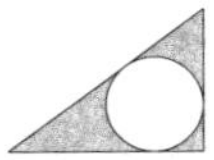

O triângulo 3-4-5
Área 6, Perímetro 12
Diâmetro do círculo incluso = 2

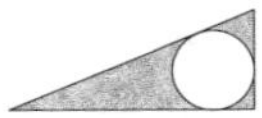

O triângulo 5-12-13
Área 30, Perímetro 30
Diâmetro do círculo incluso = 4

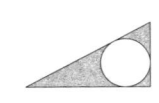

O triângulo 8-15-17
Área 60, Perímetro 40
Diâmetro do círculo incluso = 6

O triângulo 7-24-25
Área 84, Perímetro 56
Diâmetro do círculo incluso = 6

Exemplos de Gematria

Antiga gematria grega e cristã:

ΙΗΣΟΥΣ (Jesus) 888 + ΧΡΙΣΤΟΣ (Cristo) 1480 = 2368

888 : 1480 : 2368 = 3 : 5 : 8

ΚΑΙ Ο ΑΡΙΘΜΟΣ ΑΥΤΟΥ ΧΞΣ = 2368
(E seu número é 666)

ΤΟ ΑΓΙΟΝ ΠΝΕΥΜΑ (O Espírito Santo) 1080 + ΠΑΡΑ ΘΕΟΥ (de Deus) 666 = 1746

Η ΔΟΞΑ ΤΟΥ ΘΕΟΥ ΙΣΡΑΗΛ = 1746
(Glória do Deus de Israel)

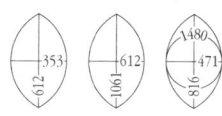

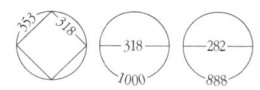

ΕΡΜΗΣ (Hermes) 353 — está para — ΖΕΥΣ (Zeus) 612

assim como ΖΕΥΣ (Zeus) 612 está para ΑΠΟΛΛΩΝ (Apolo) 1061

assim como ΚΑΡΠΟΣ (Fruto) 471 está para ΖΩΗ (Vida) 815

ΗΛΙΟΣ (Sol) = 318   ΒΙΟΣ (Vida) = 282
1000 como a Unidade ampliada

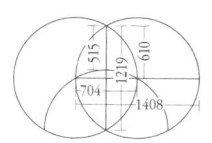

ΠΑΡΘΕΝΟΣ (Virgem) = 515
ΞΥΛΟΝ (Cruz) = 610
Ο ΘΕΟΣ ΙΣΡΑΗΛ (O Deus de Israel) = 703
ΙΧΘΥΣ (Peixe) = 1219
ΣΩΤΗΡ (Salvador) = 1408

O nome divino YHWH como *tetraktys*:

י = 10
ה י = 10 + 5 = 15
ו ה י = 10 + 5 + 6 = 21
ה ו ה י = 10 + 5 + 6 + 5 = 26

היה HaYaH (Ele foi) = 25
הוה HoWeH (Ele é) = 16
יהיה YiHYeH (Ele será) = 30

Algumas correspondências em hebraico:

אהבה (AHAVAH, Amor) = 13 = אחד (EKHAD, Um)

a sua soma = 26 = YHWH

יהוה YHWH = 26 = חוה אדם ADAM – KHAWAH

סוד (SOD, segredo) = 70 = יין (YAYIN, vinho)

ou *in vino veritas*! (no vinho, a verdade)

Nomes das letras hebraicas e seus totais:

אלף	111 ALEPH		למד	74 LAMED
בית	412 BET		מים	90 MEM
גמל	73 GIMMEL		נון	110 NUN
דלת	434 DALET		סמך	120 SAMEKH
הא	6 HE		עין	130 AYIN
וו	12 VOV		פה	85 PE
זין	67 ZAYIN		צדי	104 TSADE
חית	418 HET		קוף	104 QUF
טית	419 TET		ריש	510 RESH
יוד	20 YOD		שין	360 SHIN
כף	100 KOF		תו	406 TAV

Cada número contém a semente do seguinte, e assim as regras de gematria permitem uma diferença de 1 em comparações. As partes fracionárias, em medidas geométricas e proporções, podem ser arredondadas de qualquer maneira.

Talismã com a soma mágica 66, o total *abjad* para o nome divino Alá:

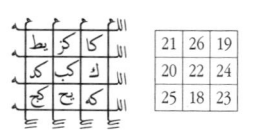

21	26	19
20	22	24
25	18	23

Alguns nomes de Deus na ordem *abjad*:

الله	66	ALLAH
باقي	113	BAQI (Eterno)
جامع	114	JAMI (Ceifeiro)
ديان	65	DAYAN (Juiz Supremo)
هادي	20	HADI (Guia)
ولي	46	WALI (Amigo)
زكي	37	ZAKI (Purificador)
حق	108	HAQ (Verdade)
طاهر	215	TAHIR (Puro)
يسين	130	YASSIN (Superior)
كافي	111	KAFI (Suficiente)
لطيف	129	LATIF (Sutil)
ملك	90	MALIK (Rei)
نور	256	NUR (Luz)
سميع	180	SAMI (O que tudo ouve)
علي	110	'ALI (Altíssimo)
فتاح	489	FATAH (Revelador)
صمد	134	SAMAD (Eterno)
قادر	305	QADIR (Poderoso)
رب	202	RAB (Senhor)
شفيع	460	SHAFI (Curador)
توب	408	TAWAB (Misericordioso)
ثابت	903	THABIT (Constante)
خالق	731	KHALIQ (Criador)
ذاكر	921	DHAKIR (Aquele que recorda)
ضار	1.001	DAR (Punidor)
ظاهر	1.106	DHAHIR (Manifesto)
غفور	1.285	GHAFUR (Clemente)

Mais quadrados mágicos

Um quadrado mágico é *normal* se usar números inteiros de 1 até o quadrado de sua ordem; e *simples* se sua única propriedade forem linhas, colunas e diagonais principais que se adicionam à soma mágica. O quadrado mágico normal de ordem 3 é singular, para além das oito reflexões e rotações possíveis.

2	7	6
9	5	1
4	3	8

6	7	2
1	5	9
8	3	4

2	9	4
7	5	3
6	1	8

4	9	2
3	5	7
8	1	6

Se os números em um quadrado mágico se somarem, simetricamente, em torno do centro – por exemplo, 2 + 8, 7 + 3, [...] –, o quadrado está ligado, e os pares de números são *complementares*. Há 880 quadrados mágicos normais de ordem 4. Os matemáticos giram ou espelham os quadrados mágicos para contá-los, de modo que a célula superior esquerda é tão pequena quanto possível em relação à célula à sua direita, menor que a célula abaixo. Números complementares em quadrados normais de ordem 4 formam doze *padrões Dudeney*.

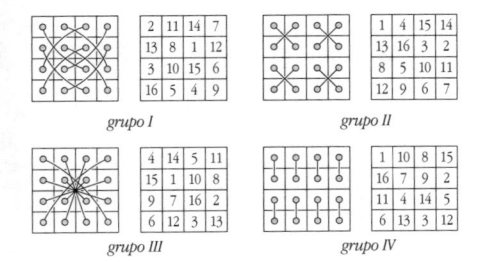

grupo I

grupo II

grupo III

grupo IV

Os 48 quadrados do Grupo I são pandiagonais, e as seis diagonais interrompidas, formadas pelos lados opostos que se envolvem para encontrar uns aos outros, também se somam magicamente (*abaixo à esquerda e ao centro*). Os quadrados mágicos pandiagonais de ordem 4 também são mais perfeitos,

e qualquer quadrado de 2 por 2, incluindo os com diagonais envolventes, contribui para a soma mágica (*acima, à direita*). Apenas os quadrados normais pandiagonais de ordem duplamente par (4, 8, 12...) podem ser os mais perfeitos.

Há 275.305.224 quadrados mágicos normais de ordem 5. A ordem 5 é a menor ordem de quadrados mágicos que podem ser simultaneamente pandiagonais e ligados (*um exemplo é apresentado ao lado*). Há 36 quadrados mágicos pandiagonais de ordem 5 essencialmente diferentes. Cada um produz 99 variações por permutação de suas linhas, colunas e diagonais,

1	15	24	8	17
23	7	16	5	14
20	4	13	22	6
12	21	10	19	3
9	18	2	11	25

para um total de 3.600 quadrados pandiagonais de ordem 5. Não se sabe quantos quadrados mágicos normais de ordem 6 existem. A ordem 6 é a primeira ordem de um número ímpar, divisível por 2, mas não por 4, cujos quadrados são os mais difíceis de construir. É impossível para um quadrado normal de ordem 6 ser pandiagonal ou ligado.

Para construir um quadrado mágico de ordem duplamente par, posicione os números em sequência a partir do canto superior esquerdo, como aparece abaixo (*esquerda*). Utilizando o padrão apresentado, troque cada um dos números em uma diagonal marcada pelo seu complemento e terá um quadrado mágico. Para criar um quadrado mágico de qualquer ordem ímpar, posicione o número 1 na célula central superior e posicione outros números em sequência, para cima e à direita em uma célula, envolvendo superior/inferior e direita/esquerda, se necessário. Quando uma célula previamente preenchida é alcançada, mova-se uma célula para baixo como alternativa. A célula central conterá o número médio da sequência, e as diagonais contribuirão para a soma mágica (*padrão de preenchimento alternativo abaixo à direita*).

Dois quadrados mágicos são combinados para criar outro quadrado mágico *composto*, com as ordens originais multiplicadas juntas.

1	14	7	12
15	4	9	6
10	5	16	3
8	11	2	13

2	7	6
9	5	1
4	3	8

16	96	80
128	64	0
48	32	112

Faça cópias do primeiro quadrado (*esquerda*) como se cada uma dessas cópias fosse uma célula no segundo quadrado (*centro*). Subtraia 1 do valor em cada célula do segundo quadrado e multiplique pelo número de células do primeiro quadrado (*resultado à direita*). Adicione os valores resultantes (*terceiro quadrado à direita*), respectivamente, aos valores de cada uma das células (formadas por quadrados de ordem 4) no quadrado grande abaixo.

17	30	23	28	97	110	103	108	81	94	87	92
31	20	25	22	111	100	105	102	95	84	89	86
26	21	32	19	106	101	112	99	90	85	96	83
24	27	18	29	104	107	98	109	88	91	82	93
129	142	135	140	65	78	71	76	1	14	7	12
143	132	137	134	79	68	73	70	15	4	9	6
138	133	144	131	74	69	80	67	10	5	16	3
136	139	130	141	72	75	66	77	8	11	2	13
49	62	55	60	33	46	39	44	113	126	119	124
63	52	57	54	47	36	41	38	127	116	121	118
58	53	64	51	42	37	48	35	122	117	128	115
56	59	50	61	40	43	34	45	120	123	114	125

Para criar um quadrado mágico *contornado*, adicione o dobro da ordem, mais 2, aos valores das células de um quadrado mágico normal e faça uma borda com os números maiores/menores na nova sequência.

5	4	24	25	7
3	12	17	10	23
18	11	13	15	8
20	16	9	14	6
19	22	2	1	21

Quadrado contornado

14	10	17	6	18
21	11	25	3	24
19	5	13	21	7
22	23	1	15	4
8	16	9	20	12

Quadrado incrustado

2	10	19	14	20
22	3	21	11	8
17	25	13	1	9
18	15	5	23	4
6	12	7	16	24

Diamante incrustado

Um quadrado mágico dentro de outro quadrado que não siga a regra do número de contorno maior/menor é um quadrado mágico *incrustado* (ou embutido). *Diamantes mágicos incrustados* e quadrados mágicos *encaixados* (*ordens 3 e 4 em um quadrado de ordem 7, como mostrado ao lado*) também são possíveis.

9	1	37	48	38	26	16
49	10	23	47	4	18	24
15	22	36	11	29	42	20
7	33	44	25	43	17	6
35	46	14	2	21	27	30
19	32	8	3	28	40	45
41	31	13	39	12	5	34

O quadrado *bimágico* ainda será mágico se todos os seus números forem quadrados perfeitos. O quadrado ao lado tem uma soma mágica igual a 369. Cada seção de 3 por 3 também apresenta a mesma soma. A soma mágica "quadrada" é 20.049.

1	23	18	33	52	38	62	75	67
48	40	35	77	72	55	25	11	6
65	60	79	13	8	21	45	28	50
43	29	51	66	58	80	14	9	19
63	73	68	2	24	16	31	53	39
26	12	4	46	41	36	78	70	56
76	71	57	27	10	5	47	42	34
15	7	20	44	30	49	64	59	81
32	54	37	61	74	69	3	22	17

Em três dimensões, encontramos a surpreendente possibilidade dos cubos mágicos. Existem quatro cubos mágicos normais de ordem 3 (*dois são apresentados abaixo*), e cada um deles tem 48 aspectos. Todas as linhas, colunas, pilares e as quatro diagonais longas, a partir de vértices opostos, somam 42.

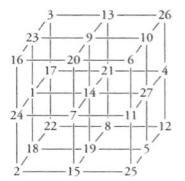

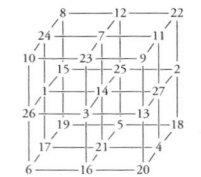

Outrora consideradas impossíveis, figuras mágicas ainda mais notáveis, em quatro dimensões, foram primeiro descobertas por John R. Hendricks, que esboçou um tesserato mágico – ou cubo 4D – em 1950. Abaixo está um dos 58 tesseratos mágicos normais de ordem 3.

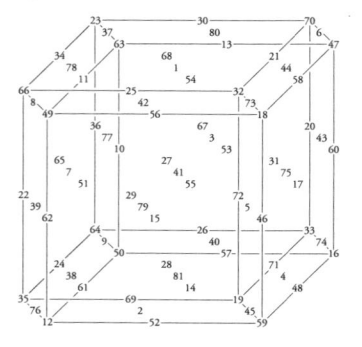

Alguns números das coisas

1

Um Um (Universal).

2

Dois Lados: esquerda, direita.
Dois Modos de Conhecimento (religião): esotérico (secreto), exotérico (comum).
Dois Princípios (metafísica): essência, substância.
Dois Regentes (alquimia): rainha, rei.
Dois Tipos Tribais (antropologia): colonizador (colono), nômade.
Duas Forças (taoismo): receptivo (*yin*), ativo (*yang*).
Duas Perspectivas (universal): sujeito, objeto.
Duas Polaridades (física): positivo, negativo.
Duas Polaridades (geografia): norte, sul.
Duas Verdades (lógica): analítica (*a priori*), sintética (*a posteriori*).

3

A Grande Tríade (taoismo): Céu, Homem, Terra.
A Santíssima Trindade (cristianismo): Pai, Filho, Espírito Santo.
Três Arranjos ou Revestimentos Regulares (geometria): triângulos, quadrados, hexágonos.
Três Aspectos do Conhecimento (Grécia): o conhecedor, o conhecimento, o conhecido.
Três Cores Primárias (luz): vermelho, verde, azul.
Três Destinos ou Moiras (Grécia): fiandeira (Cloto), avaliadora (Láquesis), cortadora (Átropos).
Três Dimensões (física): medial, lateral, vertical.
Três Estágios (hinduísmo): criar (Brama), sustentar (Vixnu), destruir (Xiva).
Três Estágios Alquímicos (alquimia): Operação Negra (*nigredo*), Operação Branca (*albedo*), Operação Vermelha (*rubedo*).
Três Estágios da Alma (jainismo): externo, interno, supremo.
Três Fases Dialéticas: tese, antítese, síntese.
Três Fúrias ou Erínias (Grécia): castigo (Tisífone), ressentimento (Megera), raiva incessante (Alecto ou Inominável).
Três Gerações de Quarks (física): *up & down*, *charm & strange*, *top & bottom*.
Três Graças ou Cárites (Grécia): esplendor ou claridade (Aglaia), alegria ou jovialidade (Eufrosina), bom ânimo (Tália).
Três Gunas (hinduísmo): fogo (vermelho), água (branco), terra (preto).
Três Modos (astrologia): cardinal, fixo, mutável.
Três Partes de um Silogismo (Aristóteles): premissa, princípio universal, conclusão.
Três Partes do Átomo (séc. XX): próton, elétron, nêutron.
Três Princípios (alquimia): enxofre, mercúrio, sal.
Três Qualidades (cristianismo): fé, esperança, amor.
Três Reinos (medieval): animal, vegetal, mineral.
Três Virtudes Revolucionárias (França): liberdade, igualdade, fraternidade.

4

Quatro Castas (hinduísmo): sagrada (brâmane), heroica (xátria), negócios (vaixá), servos (sudra).
Quatro Causas (Aristóteles): formal, material, eficiente, final.
Quatro Direções (comum): Norte, Sul, Leste, Oeste.
Quatro Elementos (Ocidente): fogo, terra, ar, água.
Quatro Estações (Ocidente): primavera, verão, outono, inverno.
Quatro Forças (moderno): eletromagnética, nuclear forte, nuclear fraca, gravitacional.
Quatro Harmonias Belas (música): uníssono, oitava, quinta, quarta. Todas elas surgem a partir das proporções que envolvem os quatro primeiros números.
Quatro Humores (Ocidente): sanguíneo, colérico, fleumático, melancólico.
Quatro Modos da Psique (Jung): sentimento, pensamento, sensação, intuição.
Quatro Níveis da Psique (Jung): ego, sombra, *anima/animus*, *self*.
Quatro Tipos de Literatura (Ocidente): romance, tragédia, ironia, comédia.
Quatro Verdades Nobres (budismo): a Verdade, a Causa, a Cessação, o Caminho para a cessação do sofrimento.

5

Cinco Cheiros (China): caprino, queimado, perfumado, rançoso, podre.
Cinco Direções ou Cores (China): Leste (verde), Sul (vermelho), Centro (amarelo), Oeste (branco), Norte (preto).
Cinco Elementos (budismo): vazio, água, terra, fogo, ar.
Cinco Elementos (China): fogo, terra, metal, água, madeira.
Cinco Notas (China): teclas pretas de um piano.
Cinco Ordens de Arquitetura (Ocidente): toscana, dórica, jônica, coríntia, compósita.
Cinco Partes da Personalidade (Egito): nome, sombra, força vital (Ka), caráter (Ba), espírito ($Akh = Ka + Ba$).
Cinco Preceitos (budismo): respeito pela vida, respeito pela prosperidade, castidade, sobriedade, falar a verdade.
Cinco Sabores (China): azedo/ácido, amargo, doce, picante, salgado.
Cinco Sentidos (comum): visão, audição, tato, olfato, paladar.
Cinco Sólidos Platônicos (universal): tetraedro, octaedro, cubo, icosaedro, dodecaedro.
Cinco Sons (China): chamar, rir, cantar, lamentar, gemer.
Cinco Tipos de Animal (China): escamado, alado, descoberto (nu), peludo, com carapaça (ou concha ou casco).
Cinco Venenos (budismo): confusão, orgulho, inveja, ódio, desejo.
Cinco Virtudes (budismo): gentileza, bondade, respeito, moderação, altruísmo.
Cinco Virtudes (China): benevolência, retidão, boa-fé, integridade, conhecimento.

6

Seis Dias da Criação (religiões abraâmicas): luz, firmamento, terra e vegetação, corpos celestes, peixes e pássaros, animais e seres humanos.

Seis Direções (comum): para cima, para baixo, esquerda, direita, à frente, atrás.

Seis Domínios (hinduísmo e budismo): deuses, infernos, humanos, fantasmas famintos, demônios, animais.

Seis Perfeições (budismo): generosidade (a doação de si), moralidade (virtude, disciplina, conduta apropriada), paciência (tolerância, aceitação, resistência), energia, meditação (contemplação), sabedoria (insight).

Seis Polítopos Regulares (sólidos quadridimensionais): simples, tesserato, 16 células, 24 células, 120 células, 600 células.

Seis Reações (química): síntese (composição ou adição), análise (decomposição), combustão, simples troca (deslocamento), dupla troca, ácido-base.

Seis Reinos (moderno): *archaebacteria* e bactéria (procariontes), protista, fungos, plantas e *animalia* (eucariontes).

7

Sete Artes Liberais (Ocidente): lógica, retórica, gramática (*Trivium*), aritmética, geometria, música, cosmologia (*Quadrivium*).

Sete Chacras (hinduísmo): raiz (*Muladhara*, quatro pétalas), sacral (*Svadhisthana*, seis pétalas), plexo solar (*Manipura*, dez pétalas), cardíaco (*Anahata*, doze pétalas), laríngeo (*Vishuddha*, dezesseis pétalas), frontal/testa (*Ajña*, duas pétalas), coroa (*Sahasrara*, mil pétalas).

Sete Corpos Celestiais e seus Dias da Semana (antigo): Lua (segunda-feira), Mercúrio (quarta-feira), Vênus (sexta-feira), Sol (domingo), Marte (terça-feira), Júpiter (quinta-feira), Saturno (sábado).

Sete Estágios da Alma (sufismo): compulsão, consciência, inspiração, tranquilidade, submissão, servidão, aperfeiçoamento.

Sete Geometrias de Fronteira (universal): há sete tipos possíveis de simetria de margem ou borda.

Sete Glândulas Endócrinas (médico): pineal, pituitária, tireoide, timo, suprarrenais, pâncreas, gônadas.

Sete Metais (antigo): prata, mercúrio, cobre, ouro, ferro, estanho, chumbo.

Sete Modos (Grécia): jônio, dórico, frígio, lídio, mixolídio, eólio, lócrio: usando apenas as teclas brancas de um piano, estes modos se referem à escala de sete notas, começando com Dó, Ré, Mi, Fá, Sol, Lá e Si, respectivamente.

Sete Níveis do Self (antroposofia): físico, etérico, astral, ego, *manas*, *budhi*, *atma*.

Sete Pecados Mortais e suas Sete Virtudes Contrárias (cristianismo): vaidade ou orgulho, inveja, gula, luxúria, ira, avareza, preguiça (pecados); humildade, caridade, temperança, castidade, paciência, generosidade, diligência (virtudes respectivas).

Sete Virtudes (cristianismo): fé, esperança, caridade, coragem, justiça, prudência, temperança.

8

Nobre Caminho Óctuplo (budismo): visão/compreensão correta, intenção/pensamento correto, fala correta, ação correta, meio de vida correto, esforço correto, atenção correta, concentração correta.

Oito Arranjos ou Revestimentos Semirregulares (geometria): no plano.

Oito Imortais (taoísmo): juventude, velhice, pobreza, riqueza, o povo, nobreza, o masculino, o feminino.

Oito Pilares da Ioga (vedismo): moralidade/integridade (*Yama*), observâncias (*Niyama*), posturas (*Asanas*), respiração (*Pranayama*), concentração (*Dharana*), devoção (*Dhyana*), união (*Samadhi*).

Oito Trigramas (I-Ching): *Chi'en* (céu, criativo), *Tui* (atração, realização), *Li* (consciência, beleza), *Chen* (ação, movimento), *Sun* (seguinte, penetração), *K'an* (perigo, risco), *Ken* (parada, repouso), *K'un* (terra, receptivo).

9

Nove Arranjos ou Revestimentos Semirregulares (universal): embora existam oito padrões comuns, um deles tem duas versões, uma em sentido horário (direita) e outra em anti-horário (esquerda), compondo nove revestimentos ao todo.

Nove Musas (Grécia): história (Clio), astronomia (Urânia), tragédia (Melpômene), comédia (Tália), dança (Terpsícore), música dos deuses/cerimonial (Polímnia), poesia épica/eloquência (Calíope), poesia lírica (Erato), música e poesia elegíaca (Euterpe).

Nove Ordens de Anjos (Ocidente): anjos, arcanjos, principados, potestades, virtudes, dominações, tronos, querubins, serafins.

Nove Personalidades (Oriente Médio): perfeccionista, doador, empreendedor, romântico trágico, observador, contraditor, entusiasta, líder, mediador.

Nove Poliedros Regulares (universal): os cinco sólidos platônicos mais os quatro poliedros estrelados: o grande dodecaedro, o dodecaedro estrelado, o grande dodecaedro estrelado e o grande icosaedro.

10

Dez Mandamentos (judaísmo/cristianismo): Amar a Deus sobre todas as coisas. Não terás outros deuses além d'Ele (não farás para ti nenhum ídolo). Não dirás em vão o nome do Senhor (blasfêmia). Lembra-te do dia de sábado para santificá-lo (domingo para os católicos). Honrarás pai e mãe. Não matarás. Não cometerás adultério. Não furtarás. Não darás falso testemunho contra o teu próximo. Não cobiçarás (nada que pertença a teu próximo).

Dez Níveis (budismo): jubiloso, imaculado, criador de luz, radiante, resiliente, direcionador, persistente, inabalável, boa mente, nuvem de *dharma*.

Dez Opostos (Pitágoras): limitado e ilimitado, ímpar e par, singularidade e pluralidade, direita e esquerda, macho e fêmea, repouso e movimento, reto e curvo, luz e escuridão, bom e mau, quadrado e oblongo.

Dez Sefirot (Cabala): *Kether* (coroa), *Chokmah* (sabedoria), *Binah* (entendimento), *Chesed* (misericórdia), *Geburah* (julgamento), *Tipareth* (beleza), *Netzach* (vitória), *Hod* (esplendor), *Yesod* (fundamento), *Malkuth* (reino).

Glossário especial de números

1. O primeiro número triangular, quadrado, pentagonal, hexagonal, tetraédrico, octaédrico, cúbico, Fibonacci e Lucas.
2. O primeiro número par (feminino). Um dia do planeta Mercúrio é exatamente dois de seus anos. O raio orbital de Urano é duas vezes o de Saturno. O período de Netuno é o dobro do período de Urano.
3. O primeiro número ímpar (masculino) grego. $1 + 2$. Existem três arranjos ou revestimentos regulares do plano. Depois de três anos, a Lua repete rigorosamente as suas fases no calendário. Na engenharia, a triangulação cria estabilidade.
4. O segundo número quadrado. $2^2 = 2 \times 2 = 2 + 2$. É o número de vértices e faces de um tetraedro. Cada número inteiro é a soma de, no máximo, quatro quadrados.
5. A soma do primeiro número macho (ímpar) e do primeiro fêmea (par). $1^2 + 2^2$. Há cinco notas na escala pentatônica e cinco sólidos platônicos. É o quinto número Fibonacci e o segundo número pentagonal.
6. É o terceiro número triangular ($6 = 1 + 2 + 3$) e o fatorial de 3, escrito como $3! = 1 \times 2 \times 3$. É a área e o semiperímetro do triângulo 3-4-5. O primeiro número perfeito (soma de seus fatores). O número de arestas em um tetraedro, de faces em um cubo, e de vértices de um octaedro. Há seis polítopos regulares 4D.
7. Existem sete simetrias de friso, sete notas da escala tradicional, sete glândulas endócrinas em seres humanos. É a soma dos pontos em lados opostos de um dado. Há sete tetrominós (Tetris). É o quarto número Lucas.
8. O segundo número cúbico ($2^3 = 2 \times 2 \times 2 = 8$). O número de faces de um octaedro e de vértices de um cubo. É o sexto número Fibonacci. Existem oito revestimentos ou arranjos semirregulares no plano. O número (mínimo) de *bits* em um *byte*.
9. O quadrado de três ($3^2 = 3 \times 3 = 1^3 + 2^3$). Há nove poliedros regulares e nove arranjos semirregulares do plano, se você incluir o par quiral. Em base 10, os dígitos de todos os múltiplos de nove somam nove.
10. O quarto número triangular e o terceiro número tetraédrico ($1^2 + 3^2$).
11. Onze dimensões unificam as quatro forças da física. Onze é o quinto número Lucas. É o ciclo de manchas solares em anos.
12. Doze notas completam a escala de temperamento igual. É o terceiro número pentagonal. Doze esferas tocam outra esfera central no cuboctaedro. É o número de vértices de um icosaedro, de faces de um dodecaedro, de arestas do cubo e do octaedro. Também é o número de pétalas do chacra do coração.
13. O sétimo número Fibonacci. São treze os poliedros de Arquimedes. Aparece como a oitava (13ª nota) musical, e no triângulo de lados 5-12-13. Os gafanhotos voam em enxames a cada treze anos.
14. O terceiro número piramidal quadrado ($1^2 + 1^2 + 3^2$). O número de linhas em um soneto (oitava, quarteto, dístico).
15. Um número triangular. A soma, em linhas, de um quadrado mágico de 3 x 3. O número de bolas em um triângulo de brilhar.
16. O resultado de 2^4 e 4^2. O perímetro e área de um quadrado de 4 x 4. O número de pétalas do chacra da garganta. Também é o resultado de $5^2 - 3^2$, o que significa que dezesseis moedas podem ser organizadas como um quadrado de 5 por 5.
17. O número de grupos de simetria 2D. É o resultado de $1^4 + 2^4$. O número de sílabas em um haicai japonês ($5 + 7 + 5$). O número de tons na afinação árabe.
18. O número de anos em um ciclo de eclipse de Saros, antes que se consiga outro eclipse de mesmo tipo próximo do mesmo lugar.
19. O número de anos no ciclo metônico. Depois de dezenove anos, as luas cheias repetem-se nas mesmas datas de calendário. O jogo de Go possui uma grade de tabuleiro de 19 por 19.
20. A soma dos quatro primeiros números triangulares. O número de faces em um icosaedro e de vértices em um dodecaedro. O número de dias em um mês maia. A quantidade de aminoácidos em seres humanos.
21. O sexto número triangular e o oitavo número Fibonacci. É o resultado de 3 x 7. O número de letras no alfabeto italiano.
22. O número máximo de pedaços em que um bolo pode ser cortado com seis fatias. O número de caminhos na Cabala e de letras no alfabeto hebraico. O número de arcanos maiores do Tarô e de tons na afinação musical indiana.
23. O número de pares de cromossomos que fazem um ser humano.
24. O número de esferas que podem tocar uma em 4D. O número de letras no alfabeto grego. É o resultado de $4! = 1 \times 2 \times 3 \times 4$.
25. O resultado de $5^2 = 3^2 + 4^2$. Vinte e cinco elevado a qualquer potência sempre termina em vinte e cinco (dois últimos dígitos do resultado).
26. O único número que se posiciona entre um quadrado e um cubo. O número de letras nos alfabetos latinos e inglês.
27. O resultado de $3^3 = 3 \times 3 \times 3$. Na cosmologia lunar hindu, é o número de *nakshatras* (setores) em que a eclíptica é dividida.
28. É o segundo número perfeito, a soma de seus fatores, e também um número triangular. O número de letras nos alfabetos árabe e espanhol.
29. Um número Lucas, cuja série segue como 1, 3, 4, 7, 11, 18, 29, etc. É o número de letras no alfabeto norueguês.
30. O número de arestas do dodecaedro e do icosaedro. Área e perímetro de um triângulo de Pitágoras de lados 5-12-13. A Lua orbita a Terra a uma distância equivalente a trinta diâmetros da Terra.
31. O número de planos de existência no budismo. Um número primo de Mersenne, da forma $2^n - 1$, onde n é primo.
32. O resultado de 2^5, é a menor quinta potência além de 1. É o número de classes de cristais, e o número de diâmetros da Terra necessários para alcançar a Lua.
33. O resultado de $1! + 2! + 3! + 4!$. Número de vértebras na coluna vertebral humana, com 33 pares de nervos. Há 12.053 nasceres do sol em 33 anos. É o maior número que não pode ser representado como a soma de números triangulares distintos.
34. A soma nas linhas de um quadrado mágico de 4 x 4.
35. A soma da sequência harmônica pitagórica 12:9:8:6. Também é a soma dos primeiros cinco números triangulares.
36. Resultado de $1^3 + 2^3 + 3^3$. O oitavo número triangular e o sexto número quadrado. É o primeiro número simultaneamente quadrado e triangular.
37. O coração da sequência 111, 222, [...] 666, 777, 888. É o número de luas (fases) em três anos. E o número de estágios do *bodisatva* budista.
38. Pode ser escrito como a soma de dois números ímpares, de dez maneiras. Cada par dessa soma contém um número primo. É o maior número com essa propriedade.

- **39** Há 39 combinações de mão quando um baralho de cartas é dividido entre quatro pessoas, como no *bridge*.
- **40** A soma do número de dedos das mãos e dos pés de um homem e de uma mulher juntos. Quarenta esferas podem tocar uma central em cinco dimensões.
- **41** A expressão $x^2 - x + 41$ produz uma sequência de quarenta números primos consecutivos, partindo de 41 até 1.681.
- **42** A soma das linhas de um quadrado mágico tridimensional de 3 x 3 x 3.
- **45** Um número triangular, é a soma dos números de 1 a 9. Também é a soma das linhas no *sudoku*.
- **46** O número total de cromossomos no núcleo de células humanas, 23 da mãe e 23 do pai.
- **50** O número de letras no alfabeto sânscrito, e de *pétalas* nos chacras, excluindo o chacra da coroa.
- **52** O número de cartas em um baralho completo, e o número de dentes humanos ao longo de uma vida: (4 x 5) criança + (4 x 8) adulto. A volta do calendário maia era de 52 anos, após os quais o *Tzolkin* de 260 dias e o *Haab* de 365 dias eram reinicializados.
- **55** O maior número triangular e Fibonacci (outros números: 1, 3, 21). Também é um número piramidal quadrado, resultado de $1 + 4 + 9 + 16 + 25$.
- **56** O número de blocos de pedras em Stonehenge. Útil para a previsão de eclipses. 7 x 8 é o produto de $1 + 2 + 4 (= 7)$ e $1 \times 2 \times 4 (= 8)$, e também um número tetraédrico. O número de arcanos menores em um baralho de Tarô.
- **58** Há um estrelamento para um pentágono ou hexágono, dois para um heptágono ou octógono, três para um eneágono. Não há estrelamentos para um tetraedro nem para um cubo, apenas um estrelamento para um octaedro, e três para um dodecaedro. Mas há 58 estrelamentos para um icosaedro.
- **59** Um número primo. Há duas luas cheias a cada 59 dias.
- **60** O resultado de 3 x 4 x 5. É a base da contagem numérica na Suméria e na Babilônia. É o menor número divisível por 1 até 6.
- **61** O número de códons que especificam aminoácidos no ARNm humano (ácido ribonucleico mensageiro).
- **64** O resultado de 8^2, 4^3 e 2^6. É o número de hexagramas do I-Ching e de quadrados em um tabuleiro de xadrez. Também é o número de códons que especificam aminoácidos no DNA humano.
- **65** A soma das linhas de um quadrado mágico de 5 x 5. O primeiro número que é a soma de dois números ao quadrado, de duas maneiras: $65 = 1^2 + 8^2 = 4^2 + 7^2$.
- **71** O deus hindu Indra vive por 71 eras.
- **72** O número de esferas que podem tocar uma esfera central em seis dimensões. Resultado de 360 dividido por 5 (360/5). Na Cabala, há 72 nomes de Deus. Uma vida = um "Grande Dia" precessional ou o 360º de um Grande Ano = 72 anos. A regra do 72: *Quanto tempo vai demorar para o meu dinheiro duplicar?* Se a taxa de juros é de 6%, então vai demorar 72/3 = 12 anos. Você também pode usar 71 e 70.
- **73** No calendário maia, 73 *Tzolkin* = 52 *Haab*. É o resultado de 365/5 e aparece em antigos relógios anuais.
- **76** O número de anos entre as aparições do cometa Halley.
- **78** O número de cartas em um baralho de Tarô completo: 22 arcanos maiores e 56 menores.
- **81** É o quadrado de nove (9^2). Também é igual a 3^4. Existem 81 elementos estáveis (Tabela Periódica).
- **89** O número Fibonacci comum em girassóis.
- **91** Equivalente a um quarto de um ano e igual a 7 x 13. É um número piramidal quadrado e a soma dos seis primeiros quadrados ($1^2 + 2^2 + 3^2 + 4^2 + 5^2 + 6^2$) .
- **92** O número de elementos que podem ocorrer na natureza. Todos os outros se mostram transitórios sob condições de laboratório.
- **97** O número de anos bissextos a cada quatrocentos anos, no calendário gregoriano. O número de cartas no baralho Minchiate, que é similar ao Tarô, mas com um conjunto maior de trunfos: 78 cartas (*ver 78 no glossário*) mais quatro virtudes, quatro elementos e doze signos do zodíaco.
- **99** O número de nomes de Alá no islamismo. O número de luas cheias que ocorrem durante oito anos.
- **100** Equivalente a 10 x 10 em qualquer base.
- **108** O resultado de $1^1 \times 2^2 \times 3^3$. O número de contas nos cordões de oração (rosários) hindu e budista.
- **111** A soma nas linhas de um quadrado mágico de 6 x 6. O número de diâmetros da Lua que equivale à distância entre a Lua e a Terra.
- **120** O resultado de 1 x 2 x 3 x 4 x 5. É um número triangular e tetraédrico.
- **121** Equivalente a onze ao quadrado (11^2).
- **125** Equivalente a cinco ao cubo (5^3).
- **128** O resultado de 2^7. O maior número que não é igual à soma de quadrados distintos.
- **144** Equivalente a doze ao quadrado (12^2). É o único quadrado composto que aparece na sequência Fibonacci.
- **153** É o número de peixes que aparecem na rede dos apóstolos de Jesus, na chamada "segunda pesca milagrosa" que acontece depois da ressurreição de Jesus, segundo o último capítulo do Evangelho de João (João 21,1-14). Também é o resultado de $(1^3 + 3^3 + 5^3) = (1! + 2! + 3! + 4! + 5!)$ = o quadrado do número de luas cheias em um ano. A aproximação de Arquimedes para $\sqrt{3}$ era 256/153.
- **169** Equivalente a treze ao quadrado (13^2).
- **175** A soma nas linhas de um quadrado mágico de 7 x 7.
- **206** Número de ossos no corpo de um ser humano adulto.
- **216** É o *número nupcial* de Platão (descrito no Livro VIII de *A República*, em uma passagem considerada extremamente enigmática, é também chamado *número geométrico*). O menor cubo que é soma de três outros cubos: $6^3 = 3^3 + 4^3 + 5^3$. O dobro de 108.
- **219** Há 219 grupos de simetria tridimensional.
- **220** Um membro do menor par amigável com 284, com os fatores de cada um somando-se ao outro.
- **235** O número de luas cheias em um Ciclo Metônico de dezenove anos.
- **243** Equivalente a 3^5. Aparece no *lemma*, o semitom pitagórico 256:243 entre a terceira e a quarta notas.
- **256** Equivalente a 2^8. Nos computadores, o número máximo de valores diferentes em um *byte* (representados por pelo menos oito *bits*).
- **260** O número de dias (20 x 13 = 260) no calendário maia *Tzolkin*. A soma mágica de um quadrado mágico de 8 x 8.
- **284** Amigável com 220, com sua soma resultando em 504.
- **300** Os bebês nascem com 300 ossos.
- **343** O cubo de sete (7^3).
- **354** O número de dias em doze luas cheias, e em um ano lunar ou islâmico.

360 O resultado de 3 x 4 x 5 x 6. O número de graus em um círculo. No calendário maia, corresponde ao número de dias em um tun (1 tun = 18 winals, sendo que 1 winal = 20 kíns ou dias; ou seja, 1 tun = 18 x 20 dias = 360 dias).

361 É o quadrado de dezenove (19^2). O tabuleiro do jogo chinês Go é composto por uma grade de 19 x 19 linhas.

364 O número de pontos em um maço de cartas de baralho, contando que J (valete) = 11, Q (dama) = 12, K (rei) = 13. Também é o resultado de 4 x 7 x 13.

365 O calendário maia *Haab* consistia de dezoito meses de vinte dias cada, mais cinco dias adicionados (*Wayeb*) para completar 365 dias.

369 A soma mágica de um quadrado mágico de 9 x 9.

384 O número raiz para a escala musical pitagórica.

400 O Sol é 400 vezes maior do que a Lua, e 400 vezes mais distante.

432 O resultado de 72 x 6 e de 108 x 4. A segunda nota na escala pitagórica, 9/8 acima a partir de 384.

486 A terça maior pitagórica, dois tons acima de 384.

496 O terceiro número perfeito, é a soma de seus fatores.

504 O resultado de 7 x 8 x 9.

512 A nona potência de dois (2^9) e o cubo de oito (8^3). A quarta da escala pitagórica, 4:3 (ou 9/8 x 9/8 x 256/243) para cima a partir de 384.

540 É metade de 1.080. Na mitologia nórdica, há 540 portas duplas no caminho para Valhala (o majestoso e enorme salão situado em Asgard, o reino dos deuses, dominado por Odin).

576 O quadrado de 24 (24^2). A quinta perfeita, 3:2 para cima a partir de 384.

584 É o período sinódico de Vênus em dias. O resultado de 8 x 73.

648 A sexta pitagórica, 3:2 para cima a partir da segunda (432).

666 A soma dos números 1 a 36. O princípio *yang* (masculino) em gematria. A soma dos seis primeiros numerais romanos (I V X L C D).

720 O resultado de 6! = 1 x 2 x 3 x 4 x 5 x 6 = 8 x 9 x 10. Também é o dobro de 360 (2 x 360).

729 O cubo de nove (9^3). É a sétima pitagórica, 3:2 para cima a partir da terça (486). Aparece em *A República* de Platão.

780 É o período sinódico de Marte em dias. O resultado de 13 x 60.

873 O resultado de 1! + 2! + 3! + 4! + 5! + 6!.

880 O número de quadrados mágicos de 4 x 4 que são substancialmente diferentes.

1.000 O cubo de 10 em qualquer base.

1.080 O resultado de 2^3 x 3^3 x 5. Um número canônico. O princípio *yin* (feminino) em gematria. O raio da Lua em milhas.

1.225 O segundo número triangular e quadrado. É o quadrado de 35 (35^2).

1.331 O cubo de onze (11^3).

1.461 O número de dias em quatro anos.

1.540 É um dos únicos cinco números que são simultaneamente triangulares *e* tetraédricos.

1.728 O cubo de doze (12^3). É a quantidade de polegadas cúbicas em um pé cúbico.

1.746 Um número canônico. A soma de 666 (*yang*) e 1.080 (*yin*).

2.160 O resultado de 720 x 3. Um número canônico. Equivalente ao diâmetro da Lua em milhas. O número de anos em um "grande mês" de precessão ou era astrológica.

2.187 A sétima potência de três (3^7).

2.392 O resultado de 8 x 13 x 23. Os maias descobriram, com precisão surpreendente, que $3^4 = 81$ é o número de luas cheias que ocorrem a cada 2.392 dias.

2.920 O resultado de 584 x 5 = 365 x 8. O número de dias que Vênus leva para desenhar seu padrão pentagonal em torno da Terra.

3.168 O resultado de 2^5 x 3^2 x 11. Um número canônico cuja soma dos fatores resulta em 6.660.

3.600 O quadrado de 60. O número de segundos em uma hora ou um grau.

5.040 O resultado de 7! = 1 x 2 x 3 x 4 x 5 x 6 x 7 = 7 x 8 x 9 x 10. É o valor aproximado dos raios da Terra e da Lua somados (em milhas).

5.913 O resultado de 1! + 2! + 3! + 4! + 5! + 6! + 7!.

7.140 O maior número triangular e tetraédrico.

7.200 O número de dias de um ciclo *katun* (unidade de tempo) do calendário maia que corresponde a 20 *tuns* (ou 18 ciclos *winal* de 360 dias).

7.920 O diâmetro da Terra em milhas. O resultado de 720 x 11.

8.128 O quarto número perfeito, é a soma de seus fatores.

10.000 Uma miríade.

20.736 A quarta potência de doze (12^4 = 12 x 12 x 12 x 12).

25.770 O valor atual para precessão (parece estar diminuindo, sugerindo que o Sol forma um sistema binário com Sírius).

25.920 O resultado de 12 x 2.160. O número de anos na antiga contagem ocidental para o ciclo de precessão de eras astrológicas.

26.000 O número da precessão maia.

31.680 O perímetro, em milhas, de um quadrado desenhado em torno da Terra.

40.320 O resultado de 8! = 1 x 2 x 3 x 4 x 5 x 6 x 7 x 8.

45.045 O primeiro número que é simultaneamente triangular, pentagonal e hexagonal.

86.400 O número de segundos em um dia.

108.000 O número de anos em uma temporada de *Kali Yuga* (a última das quatro etapas que o mundo atravessa, como parte do ciclo de *yugas* ou eras do universo descritas nas escrituras indianas, segundo a cosmologia hindu).

142.857 A parte que se repete de todas as divisões por sete.

144.000 O número de dias em um ciclo *Baktun* no antigo calendário maia, que equivale a 20 *katuns* (20 x 7.200 dias).

248.832 A quinta potência de doze (12^5).

362.880 Equivalente a 9! e também o resultado de 2! x 3! x 3! x 7!.

365.242 O número de dias em mil anos. A quantidade de pés em um grau equatorial.

432.000 O número de anos do período final e corrupto do *Kali Yuga* hindu.

864.000 O número de anos da terceira fase da criação no hinduísmo, o semicorrupto *Dwapara Yuga*.

1.296.000 O número de anos do período *Treta Yuga* secundário no hinduísmo. O resultado de 3 x 432.000.

1.728.000 O número de anos do período hindu iniciático e altamente espiritual *Satya Yuga*. O resultado de 4 x 432.000.

1.872.000 O número de anos na longa contagem maia (termina em dezembro de 2012).

3.628.800 Equivalente a 10! e também o resultado de 6! x 7! ou 3! x 5! x 7!

4.320.000 O *Mahayuga* (unidade de tempo) hindu, um ciclo completo de *yugas*, um *Kalpa* budista.

39.916.800 Equivalente a 11! e também o resultado de 5.040 x 7.920.

OUTROS NÚMEROS

	Triangular	Quadrado	Pentagonal	Triangular centrado	Quadrado centrado	Pentagonal centrado	Retangular	Tetraédrico	Octaédrico	Cúbico	Cúbico centrado	Piramidal quadrado	Fibonacci	Lucas
1	1	1	1	1	1	1	1	1	1	1	1	1	1	1
2	3	4	5	4	5	5	2	4	6	8	9	5	1	3
3	6	9	12	10	13	13	6	10	19	27	35	14	2	4
4	10	16	22	19	25	25	12	20	44	64	91	30	3	7
5	15	25	35	31	41	41	20	35	85	125	189	55	5	11
6	21	36	51	46	61	61	30	56	146	216	341	91	8	18
7	28	49	70	64	85	85	42	84	231	343	559	140	13	29
8	36	64	92	85	113	113	56	120	344	512	855	204	21	47
9	45	81	117	109	145	145	72	165	489	729	1241	285	34	76
10	55	100	145	136	181	181	90	220	670	1000	1729	385	55	123
11	66	121	176	166	221	221	110	286	891	1331	2331	506	89	199
12	78	144	210	199	265	265	132	364	1156	1728	3059	650	144	322
13	91	169	247	235	313	313	156	455	1469	2197	3925	819	233	521
14	105	196	287	274	365	365	182	560	1834	2744	4941	1015	377	843
15	120	225	330	316	421	421	210	680	2255	3375	6119	1240	610	1364
16	136	256	376	361	481	481	240	816	2736	4096	7471	1496	987	2207
17	153	289	425	409	545	545	272	969	3281	4913	9009	1785	1597	3571
18	171	324	477	460	613	613	306	1140	3894	5832	10745	2109	2584	5778
19	190	361	532	514	685	685	342	1330	4579	6859	12691	2470	4181	9349
20	210	400	590	571	761	761	380	1540	5340	8000	14859	2870	6765	15127
21	231	441	651	631	841	841	420	1771	6181	9261	17261	3311	10946	24476
22	253	484	715	694	925	925	462	2024	7106	10648	19909	3795	17711	39603
23	276	529	782	760	1013	1013	506	2300	8119	12167	22815	4324	28657	64079
24	300	576	852	829	1105	1105	552	2600	9224	13824	25991	4900	46368	103682
25	325	625	925	901	1201	1201	600	2925	10425	15625	29449	5525	75025	167761
26	351	676	1001	976	1301	1301	650	3276	11726	17576	33201	6201	121393	271443
27	378	729	1080	1054	1405	1405	702	3654	13131	19683	37259	6930	196418	439204
28	406	784	1162	1135	1513	1513	756	4060	14644	21952	41635	7714	317811	710647
29	435	841	1247	1219	1625	1625	812	4495	16269	24389	46341	8555	514229	1149851
30	465	900	1335	1306	1741	1741	870	4960	18010	27000	51389	9455	832040	1860498
21	496	961	1426	1396	1861	1861	930	5456	19871	29791	56791	10416	1346269	3010349
32	528	1024	1520	1489	1985	1985	992	5984	21856	32768	62559	11440	2178309	4870847
33	561	1089	1617	1585	2113	2113	1056	6545	23969	35937	68705	12529	3524578	7881196
34	595	1156	1717	1684	2245	2245	1122	7140	26214	39304	75241	13685	5702887	12752043
35	630	1225	1820	1786	2381	2381	1190	7770	28595	42875	82179	14910	9227465	20633239
36	666	1296	1926	1891	2521	2521	1260	8436	31116	46656	89531	16206	14930352	33385282

PRIMOS 2 3 5 7 11 13 17 19 23 29 31 37 43 47 53 59 61 67 71 73 79 83 89 97 101 103 107 109 113 127 131 137 139 149 151 157 163 167 173 179 181 191 193 197 199 211 223 227 229 233 239 241 251 257 263 269 271 277 281 283 293 307 311 313 317 331 337 347 349 353 359 367 373 379 383 389 397 401 409 419 421 431 433 439 443 449 457 461 463 467 479 487 491 499 503 509 521 523 541 547 557 563 559 571 577 587 593 599 601 607 613 617 619 631 641 643 647 653 659 661 673 677 683 691 701 709 719 727 733 739 743 751 757 761 769 773 787 797 809 811 821 823 827 829 839 853 857 859 863 877 881 883 887 907 911 919 929 937 941 947 953 967 971 977 983 991 997 1009

Notas da Tradutora

[1] O termo aqui se refere ao conjunto de teorias e práticas que tinham por objetivo desvendar os segredos da natureza, do universo e da própria humanidade. (N. T.)

[2] Do inglês *arithmology*, que dá nome à teoria ou ciência dos números, também chamada *alta aritmética*. (N. T.)

[3] Genericamente, é intervalo de cinco notas nominais consecutivas ou cinco graus diatônicos (compreendendo intervalos de cinco tons inteiros e dois semitons). Também denomina uma das notas ou a combinação harmônica de duas notas nesse intervalo. (N. T.)

[4] Do latim, significa literalmente "bexiga de peixe". Também é chamada *mandorla*, que significa "amêndoa" em italiano. (N. T.)

[5] Vitrúvio Polião – ou *Vitruvius Pollio* (latim) – foi um arquiteto e engenheiro romano que viveu no século I a.C. e produziu uma obra em dez volumes chamada *De Architectura*, que é considerada o único tratado europeu do período greco-romano que sobreviveu até a época atual. Essa obra parece ter servido de inspiração a diversos textos sobre construções desde a época do Renascimento, ou mesmo desde a Idade Média, embora não haja consenso sobre isso. Os padrões de proporção apresentados por Vitrúvio, bem como seus princípios arquiteturais – *utilitas, venustas* e *firmitas* (utilidade, beleza e solidez) –, são considerados inauguradores da base da arquitetura clássica. Para mais informações, ver: Vitrúvio, *Tratado de Arquitetura*. São Paulo, Martins Fontes, 1. ed., 2007. (N. T.)

[6] O termo inglês usado pelo autor é *quarters*, que significa "bairro" e se refere, de fato, aos distritos em que uma cidade se divide, e não às *quadras* ou *quarteirões* que compõem um bairro, como é o caso do termo que sobreviveu no português moderno. (N. T.)

[7] Intervalo ascendente ou descendente, de quatro em quatro notas. (N. T.)

[8] Vale lembrar que na Antiguidade grega os números tinham tanta importância, que lhes eram atribuídas características humanas: por exemplo, os números pares e ímpares eram considerados "masculinos" e "femininos", respectivamente. Daí a ideia de "casamento" entre os números inteiros para formar outros números, como no caso do seis. (N. T.)

[9] Esse é o caso do número 15, por exemplo, cujos divisores 1, 3 e 5, se somados, resultam em 9. Por outro lado, os números cuja soma de seus divisores (não incluindo o próprio número) é maior que eles (por exemplo, o número 12, cuja soma dos divisores 1, 2, 3, 4 e 6 resulta em 16) são chamados números abundantes. (N. T.)

[10] Também chamado triângulo retângulo, o triângulo de Pitágoras é aquele que forma um ângulo de 90º (reto) entre os lados menores, chamados catetos, e cujo lado maior, a hipotenusa, obedece ao famoso teorema enunciado como "a soma dos quadrados dos catetos é igual ao quadrado da hipotenusa". (N. T.)

[11] A fórmula para o cálculo da área de um triângulo é A (área) = H (altura) x B (base) ÷ 2. No caso do triângulo de Pitágoras, temos: A = 3 x 4 ÷ 2 = 6. (N. T.)

[12] Metade do perímetro, ou seja, metade da soma do respectivo comprimento das arestas. (N. T.)

[13] Essa transposição da teoria hindu dos chacras, feita no Ocidente pela medicina moderna, não implica que a ideia dos centros de energia tenha sido "mais bem compreendida" pela medicina ocidental. Na verdade, segundo os hindus os chacras são distintos de órgãos efetivamente físicos, como as glândulas endócrinas. Esse conceito se origina em textos muito antigos da tradição budista e das tradições hindus da ioga e do tantra e refere-se a vórtices (centros) de energia em forma de roda, de acordo com a tradicional medicina indiana. Nessas tradições, acredita-se que os chacras realmente existem na superfície do corpo energético ou de matéria sutil que acompanha o corpo físico de todas as pessoas (conhecido como duplo etérico). Referências: Mircea Eliade, *Yoga: Imortalidade e Liberdade*. São Paulo, Palas Athena, 1997; Gavin D. Flood, *An Introduction to Hinduism*. Cambridge, Cambridge University Press, 1996; N. N. Bhattacharyya, *History of the Tantric Religion: An Historical, Ritualistic, and Philosophical Study*. Columbia, South Asia Books, 2006. (N. T.)

[14] Em arquitetura, é a parte plana do *entablamento* (superestrutura de moldes e bandas que repousam horizontalmente sobre colunas), entre a cornija (faixa horizontal que se destaca da parede, a fim de acentuar as nervuras nela empregadas) e a arquitrave (trave horizontal que se apoia em duas ou mais colunas, cuja origem remonta à arquitetura clássica). (N. T.)

[15] Segundo a tradição chinesa, a sequência de oito trigramas, chamada *baguá*, dispostos dentro de um octógono, representa o momento único e perfeito imediatamente anterior à criação do Universo: a ordem arquetípica onde céu e terra se encontravam alinhados, o tempo

não existia e o ciclo das estações não estava ainda em movimento. Esse é o *baguá primordial*, onde os trigramas opostos são complementares. Também existe outra sequência, em que os trigramas opostos não são complementares, chamada "Céu Posterior" ou *baguá manifesto*, referindo-se à ordem da mudança no mundo, depois que o Universo foi criado, e incorporando o ciclo de nascimento e morte, o tempo, o dia e a noite, bem como as estações do ano. Para mais informações: Alfred Huang, *I-Ching: Edição Completa*. São Paulo, Martins Fontes, 1. ed., 2007; Roberto Otsu, *O Caminho do Sábio – Tao-Te-Ching*. São Paulo, Ágora, 2008. (N. T.)

[16] Neste trecho, o autor brinca com duas expressões da língua inglesa, *dress to the nines* e *cloud nine*, que fazem referência, respectivamente, a uma aparência bem cuidada – ou "nos trinques", como se diz em português – e a um estado de espírito que também costumamos associar a nuvens e a que chamamos "andar nas nuvens". Infelizmente, não há referências ao número nove nas expressões equivalentes em nossa língua, e costumamos dizer que gatos têm sete vidas e não nove, lenda que provavelmente surgiu por causa da habilidade que esses felinos têm de escapar de situações que envolvam risco a sua vida. (N. T.)

[17] Palavra hebraica, plural de *sefirá*, que significa originalmente *número* ou *categoria*, utilizada para representar as dez emanações divinas que aparecem na Árvore da Vida. (N. T.)

[18] Nome dado em homenagem a François Edouard Anatole Lucas (1842-1891), matemático francês que estudou esta segunda sequência de números e o mesmo que deu o nome Fibonacci à famosa série de números descrita pelo matemático italiano do século XIII Leonardo Pisano Bigollo, mais conhecido como Leonardo de Pisa ou Leonardo Fibonacci. (N. T.)

[19] Pequena composição poética japonesa em que se cantam as variações da natureza e a sua influência na alma do poeta. Consta de dezessete sílabas, divididas em grupos de cinco, sete e cinco. (N. T.)

[20] Do latim *hexameter* ou *hexametrus*, literalmente "de seis medidas", é uma forma de medida poético-literária que consiste em seis pés métricos por verso, em que os quatro primeiros pés podem ser dátilos ou espondeus; o quinto pé será dátilo; e o sexto espondeu – como na *Ilíada*. Este tipo de verso foi o padrão do metro épico tanto dos gregos como dos romanos, além de ser usado em outros tipos de composição, como nas sátiras de Horácio e nas *Metamorfoses* de Ovídio. (N. T.)

[21] Número venerado no Islã, soma de oito e nove, relaciona-se ao 72 (que é o produto desses dois números). São dezessete os gestos litúrgicos na tradição muçulmana, assim como são dezessete as palavras que compõem o chamado à prece. (N. T.)

[22] Também é divisível por 10, 12, 15, 20, 30 e obviamente 60. O sistema sexagesimal é utilizado nas medidas de ângulos (a medida angular de um grau é dividida em 60 minutos de arco, e cada minuto de arco em 60 segundos de arco), de coordenadas geográficas angulares e de tempo.

[23] Na Grécia Antiga, Salamina era uma cidade-estado na costa leste de Chipre, na foz do Rio Pedieos, 6 quilômetros ao norte da moderna Famagusta. Terra natal do poeta trágico Eurípedes (485 a.C.), atualmente é a maior ilha grega no Golfo de Salônica (cerca de 96 km²), localizada ao sul de Pireu, antigo porto de Atenas, e cerca de 16 quilômetros a oeste de Atenas. Já não tem a importância econômica ou estratégica de outras eras, e pertence à divisão administrativa da capital grega. (N. T.)

[24] Ábaco de origem chinesa descrito pela primeira vez em um livro da dinastia Han Oriental (190 d.C.). Geralmente, um *suanpan* tem cerca de 20 centímetros de altura e pode aparecer com larguras diferentes, dependendo da aplicação. Costuma ter mais de sete varas, que podem ser utilizadas para outras funções além da contagem. Diferentemente da tábua de contagem simples usada em escolas elementares, técnicas muito eficientes de *suanpan* foram desenvolvidas para fazer multiplicação, divisão, adição, subtração, raiz quadrada e cúbica em alta velocidade. Referência: Jean-Claude Martzloff, *A History of Chinese Mathematics*. Berlin, Springer-Verlag, 2006. (N. T.)

[25] *Soroban* é o nome dado ao ábaco que foi levado ao Japão pelos chineses por volta do séc. XVII. (N. T.)

[26] Soma mágica do quadrado de seis por seis células ou algarismos. (N. T.)

[27] Também chamado Weiki ou Baduk. (N. T.)

[28] Também chamado "jogo da semeadura" ou "jogo da contagem e captura". (N. T.)

[29] Jogo que remonta ao antigo Egito. (N. T.)

[30] Com o desenvolvimento da matemática e de outras ciências, a Teoria do Caos surgiu com o objetivo de compreender e dar resposta às flutuações erráticas e irregulares que se encontram na Natureza. Em termos genéricos, essa teoria estabelece que uma pequena mudança ocorrida no início de um evento qualquer pode ter consequências desconhecidas no futuro. (N. T.)